최고의 집밥

RECIPE

레 시 피

201

디니 **조미진** 지음

집밥천재 디니

최고의 집밥
RECIPE
레 시 피
201

디니 **조미진** 지음

Booksgo

밥은 먹고 다닙시다

퇴근 후 지친 몸을 이끌고 요리를 하는 게 여간 힘든 일이 아니더라고요. 그래서 자연스레 외식하거나 배달음식을 시켜 먹는 일이 잦았습니다. 어느 날 가계부를 보는데, 외식과 야식 비용 때문에 한 달 식비가 어마어마 하였습니다. 식구라고 해 봐야 남편과 저 둘뿐인데 뭘 이렇게 많이 먹었나 싶고, 그렇게 잘 먹은 기억도 없는데 말이죠. 도저히 이대로는 안 되겠다 싶어 외식을 줄이고 집밥을 먹어야 겠다는 결심을 했어요. 조금 피곤해도 말이죠.

처음에는 익숙하지 않아서 장을 봐도 재료들을 다 사용하지 못하고 유통기한이 지나거나 상해서 버릴 때가 많았어요. 그래서 그날그날 필요한 재료를 체크하고 냉장고에 있는 식재료 위주로 식단을 짜서 집밥을 해먹었죠. 그랬더니 한 달 식비와 장보기 비용이 확 줄었어요.

이 책은 이런 저희 경험을 담은 책입니다. 첫 번째는 구하기 쉬운 간단한 재료로 메인 요리와 어울리는 곁들임 요리를 함께 엮어 다양한 계절별 재료를 사용해서 30일 밥상을 구성했어요. 국이나 찌개, 고기나 생선 요리 등 메인 요리를 하나씩 올리고 거기에 어울리는 국과 반찬을 3~4가지 추가하여 식단을 구성했기 때문에 그날의 상황에 따라 다양한 맞춤형 밥상을 차릴 수 있답니다. 책을 넘겨보기만 해도 자연스럽게 그날의 밥상 계획이 세워지길 바랍니다.

두 번째는 일명 '요똥'도 쉽게 따라하고 맛을 낼 수 있는 요리들을 담았어요. 제가 자주 해먹는 요리부터 냉장고에 있는 재료로 쉽게 끓이는 국, 오래 두고 먹을 수 있는 김치와 장아찌. 다른 반찬 없이 간단하게 먹을 수 있는 한 그릇 요리. 쉽게 구할 수 있는 재료로 만드는 근사한 디저트와 간식까지 모두 담았어요. 엄마가 차려주는 밥상처럼 매일 먹어도 질리지 않는 제대로 된 가정식 반찬을 맛볼 수 있어요. 또한 다양한 요리에 도전하면서 평소에는 귀찮기만 했던 집밥의 해먹는 즐거움을 느끼실 수 있을 거예요.

오늘 뭐 해 먹지 고민이 된다면 이 책을 보면서 매일매일 집밥을 해보세요.
맛과 건강뿐만 아니라 당신의 지갑까지 두둑해질 거예요.

조미진

PART 1 매일매일 눈과 입이 즐거운 30일 밥상

PART 2 걱정 없는 집밥을 위한 **똑소리 나는 요리**

🥄 시작하기 전에 알아두면 좋아요

· 이 책의 모든 요리는 2인분을 기준으로 계량하였습니다.
· 이 책의 모든 요리는 누구라도 쉽게 따라하고 활용할 수 있도록 구성하였습니다.
· 이 책은 30개의 밥상 구성 레시피와 171개의 요리 레시피로 구성되어 언제 어디서나 다양하게 활용
  할 수 있습니다.
· 요리에 사용한 재료와 소스는 마트나 재래시장에서 쉽게 구할 수 있는 제철 식재료를 사용하였습니다.
· 가정에서 쉽게 사용할 수 있도록 계량컵(200ml)과 숟가락 계량을 사용하였습니다.

이 책은 이렇게 사용하세요

① 제철 식재료를 활용한 밥상 차림을 사진으로 담았어요.

② 밥상 차림에 들어간 메뉴 구성과 레시피가 담겨있는 페이지를 알려줍니다.

③ 메뉴에 필요한 재료와 조리 시간을 알려줍니다.

④ 요리 사진과 쉬운 설명으로 요리 과정을 한 눈에 볼 수 있어요.

⑤ 불조절도 쉽게 할 수 있어요.

⑥ 요리를 할 때 알아두면 좋을 팁을 제공해요.

⑦ 밥상 구성에 어울릴 만한 레시피를 추가로 제공해요.

집밥을 위한 최애 식재료

주로 제철 식재료를 이용해서 집밥을 해먹는다. 사계절의 변화로 계절마다 다양한 식재료가 생산되기에 날씨에 맞춰서 밥상을 구성할 수 있다. 하지만 집밥이 늘 제철 식재료로 구성되는 것은 아니다. 기본적으로 집에 구비해놓고 자주, 편하게 선택할 수 있는 기본 재료들은 떨어지지 않게 항상 준비해둔다.

달걀

달걀은 냉장고에서 빠지지 않는 식재료 중 하나이다. 달걀에는 단백질을 비롯한 영양분이 풍부하게 들어 있어서 일주일에 두세 번 달걀 반찬 한 가지씩은 꼭 식탁에 올린다. 입맛 없을 때 달걀프라이 하나 해서 간장에 비벼 먹으면 밥 한 공기는 뚝딱할 수 있고, 토스트, 국, 찜, 탕 등 다양한 요리에 두루두루 쓰여서 가장 최애로 꼽는 식재료이다.

두부

저칼로리 음식에 자주 사용하는 두부는 여러 가지로 쓰일 수 있어서 자주 사다 둔다. 국이나 찌개에는 무조건 두부가 들어가야 맛이 좋아지는 느낌적인 느낌 때문에. 두부도 종류가 여러 가지인데, 판 두부는 삶아서 간장에 찍어먹거나 볶은 김치랑 먹으면 맛있다. 순두부는 매콤하게 순두부찌개를 끓이면 밥도둑이 따로 없다. 특히 두부에는 레시틴 성분이 들어 있어서 뇌 노화와 치매 예방에 도움이 되고, 단백질이 가득해서 다이어트를 할 때 밥 대신 먹어도 좋다.

당면

평소에 쫄깃한 식감을 좋아한다. 당면은 고구마 전분으로 만들어 졌기 때문에 국수보다 쫄깃해서 국, 탕, 전골 요리에 두루 이용하고 있다. 생각보다 높은 열량이 흠이지만 포만감을 주기 때문에 한 끼 식사대용으로 먹기에 손색없는 식재료이다. 특히 당면은 당질이 풍부하게 들어 있어서 비타민이 풍부한 채소와 먹으면 궁합이 좋다. 요즘 중국 당면도 즐겨 먹고 있는데 엄청 쫄깃하고 맛있다. 아직 맛을 보지 못했다면 꼭 먹어보길 추천한다.

청양고추

매운맛을 좋아해서 청양고추를 즐겨 먹는다. 식욕이 없을 때 밥을 물에 말아서 청양고추를 쌈장에 푹 찍어먹으면 없던 입맛도 되돌아오는 마성의 맛을 가지고 있다. 송송 다져서 국이나 찌개에 넣고 끓이면 칼칼하니 속이 확 풀린다. 청양고추에는 각종 비타민이 풍부하며 특히 캡사이신 성분은 우리 몸의 기초 대사를 높이고 단백질의 소화를 돕는다.

돼지고기

돼지고기는 한국인이 좋아하는 음식 중 하나이다. 찌개, 수육, 구이까지 다양한 요리가 가능하고 소고기보다 저렴하기 때문에 자주 찾는 편이다. 특히 부위별로 다양한 맛을 내기 때문에 취향껏 먹을 수 있어서 더 매력적인 식재료이다. 돼지고기는 해독 효과를 가지고 있어서 체내에 쌓인 오염물질을 해독하는 데도 효과적이며 티아민이 풍부해서 피로회복에도 좋다.

미역

미역은 우리 주변에서 쉽게 접할 수 있는 식재료이다. 개인적으로 미역국을 좋아해서 자주 먹는다. 미역으로는 대부분 국을 끓여 먹거나 살짝 데쳐서 미역 초무침을 해먹는다. 미역은 바다의 보물이라고 불릴 만큼 건강에 좋다. 철분, 칼슘, 요오드 함유량이 많아 신진대사를 촉진시키는 작용이 있어서 산후조리용 음식으로 많이 찾고, 피를 맑게 해주며 중금속 등을 우리 몸속에서 해독한다. 식이섬유가 풍부해서 장운동을 원활하게 만들고 변비 예방에도 좋다.

오징어

요즘은 잘 잡히지 않아서 '금징어'라고 불리는 귀한 식재료가 되어서 예전만큼 자주 먹지는 못한다. 하지만 음식에 오징어가 들어가면 감칠맛이 업 되기 때문에 가장 사랑하는 식재료이다. 오징어 볶음을 해먹어도 맛있지만 파전에 넣어도 맛이 확 달라진다. 타우린 성분이 많이 들어 있어서 피로회복에 아주 좋고 체내 콜레스테롤을 낮춰 성인병을 예방하는 데 효과적이다.

애호박

애호박은 국, 찌개, 전, 나물, 볶음 등 단독으로 요리할 수 있고, 다양한 요리에 부재료로 넣기에도 좋은 식재료이다. 특히 된장찌개를 끓일 때 애호박을 썰어 넣으면 달큰한 감칠맛이 더해진다. 애호박은 수분 함량이 높아서 오래 보관할 수 없다는 단점이 있지만 다양한 요리에 활용이 가능하기 때문에 자주 먹는다. 애호박은 잘 무르기 때문에 찌개나 전으로 빨리 소진해야 한다.

콩나물

아삭아삭한 식감과 시원한 맛을 가지고 있는 콩나물은 한식에서 즐겨 사용하는 식재료이다. 저렴한 가격으로 다양한 요리에 활용할 수 있어 일주일에 한 번은 꼭 구매하는 필수 식재료이다. 콩나물은 대두를 발아시켜 싹을 틔운 식품으로 아스파라긴 성분이 들어 있어서 숙취에 효과가 좋다. 감기 몸살에 걸렸을 때 콩나물 해장국을 끓여서 한 뚝배기하면 힘이 불끈불끈 솟는다.

양파

한국인의 요리에서 빠질 수 없는 양파는 가격도 착하면서 다양하게 활용할 수 있기 때문에 떨어지기 무섭게 구비하는 식재료이다. 양파 껍질은 단맛과 감칠맛이 좋아서 육수 재료로 사용한다. 양파는 정말 버릴 것 하나 없이 알뜰살뜰하게 사용할 수 있는 식재료이다. 양파를 갈색이 날 때까지 오래 볶아 카라멜라이즈한 것을 카레에 넣으면 단맛과 감칠맛을 느낄 수 있다.

소금

소금은 음식을 만들 때 가장 기본이다. 된장, 고추장, 간장 등 음식을 할 때 사용하는 장류를 만들고, 한국인의 밥상에서 절대로 빠지지 않는 김치나 저장 반찬류를 만들 때도 소금은 필수이다. 우리가 직접적으로 섭취하는 것이 대부분이기 때문에 소금을 선택할 때 신중을 기하는 편이다. 한주꽃소금은 바다 속 중금속 등 각종 유해성 물질을 제대로 걸러냈을 뿐만 아니라 요즘 문제되고 있는 미세 플라스틱 등의 불순물이 섞이지 않은 깨끗하고 안전한 소금이라 깔끔한 맛을 낸다. 그래서 주로 사용하고 있다.

재료 이렇게 보관해요

채소들은 씻어서 보관하면 습기가 차올라 빨리 상하고 물러버려서 버리는 경우가 많다. 그래서 요리할 때 필수로 들어가는 마늘, 파, 양파를 제외하고는 그때그때 필요할 때마다 구입한다. 특히 많은 식재료를 한 번에 구입하면 냉장고에 넣어두고 까먹는 경우가 많아서 먹을 만큼만 구매하는 게 중요하다.

마늘
마늘은 다듬어서 다진 다음 얼려서 한 조각씩 잘라서 보관한다.

양파
양파는 껍질을 까고 뿌리를 제거한 후 물기를 제거하고 하나씩 랩에 싸서 냉장 보관한다.

생선
생선은 찬물로 깨끗하게 씻고 소금물에 담근 후 물기를 제거한 뒤 한 번 먹을 양만 따로 담아 보관한다.

육류
육류는 한 번 먹을 분량씩 소분하여 랩으로 싸서 지퍼백 안에 넣어 공기를 최대한 빼고 냉동한다.

애호박과 오이
애호박과 오이처럼 수분이 많은 채소는 젖은 휴지로 꼭지 부분을 감싸고 신문지에 말아서 보관하면 싱싱하게 보관할 수 있다. 뿌리를 아래쪽으로 세워 보관한다면 더 오랜 기간 신선한 상태를 유지할 수 있다.

두부
두부는 상대적으로 유통기한이 짧기 때문에 하나씩 필요할 때마다 구입해서 쓴다. 그래도 요리하고 남은 두부가 있다면 밀폐용기에 담아 두부가 잠길 만큼 물을 가득 부어 소금을 조금 뿌려두면 신선한 맛을 오래 유지할 수 있다.

버섯류
버섯류들은 잘 상하기 때문에 마른 행주로 표면을 닦아 주고 기둥을 위로 해서 랩을 씌워 김치냉장고나 냉장고의 채소 칸에 보관한다. 표고버섯은 말린 다음 냉동실에 넣어두고 사용할 때마다 불려서 사용할 수 있어서 오래 보관할 수 있다.

대파
대파를 냉장실에서 단기간 보관할 경우에는 신문지에 잘 싸서 넣어두고 바로 사용할 양 외에는 소분해서 냉동고에 넣어둔다.

집밥을 위한 재료 계량

오랜 기간 숙련된 경험이 있어도 간을 맞추는 일은 쉽지 않다. 특히 일반 가정집에서는 숟가락과 종이컵을 이용한 계량을 주로 사용한다. 이 책의 모든 레시피도 가장 일반적인 숟가락과 종이컵을 기준으로 하였고, 더하고 덜함은 개인의 입맛과 기호에 맞추기 바란다.

숟가락
계량하기

가루

| 1큰술(15g) | 1/2큰술 | 1작은술(5g) | 1/2작은술 |

액체

| 1큰술(15g) | 1/2큰술 | 1작은술(5g) | 1/2작은술 |

장류

| 1큰술(15g) | 1/2큰술 | 1작은술(5g) | 1/2작은술 |

종이컵
계량하기

가루

1컵(130g)

1/2컵(65g)

액체

1컵(180ml)

1/2컵(90ml)

* 이 책의 레시피는 계량컵(200ml)을 사용하여 계량하였다.

손으로
계량하기

한 줌(200g)

한 손으로 자연스럽게
쥔다.

한 줌

한 손으로 자연스럽게
쥔다.

집밥을 위한 재료 써는 방법

예쁘게 썰어 놓은 재료는 보기에도 좋지만 양념이 골고루 잘 스며들어 더욱 맛있는 요리를 완성할 수 있다. 집밥의 완성인 재료를 써는 방법은 다양하지만 대표적으로 사용하는 썰기 방법을 소개한다.

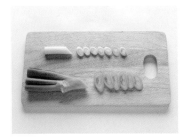

어슷 썰기
대파, 오이, 고추 등 세로로 긴 재료를 한쪽으로 비스듬히 썰어준다.

깍둑 썰기
채소나 과일 등을 정사각형으로 썰어준다.

편 썰기
마늘, 생강 등의 재료를 모양 그대로 얇게 저미듯 썰어준다.

송송 썰기
가늘고 긴 재료를 동그란 모양으로 일정하게 썰어준다.

다지기
여러 번 칼질을 해서 원하는 크기로 썰어준다.

채 썰기
무침이나 볶음 재료를 손질할 때 쓰는 방법으로 편으로 썰거나 어슷하게 썬 재료를 층층이 겹친 뒤 다시 일정한 간격으로 얇게 썰어준다.

초절약 장보기 노하우

집밥을 해먹으면서 가계부에서 가장 많이 줄어든 것이 식비이다. 사실 처음부터 식비가 줄어든 것은 아니다. 하지만 나름의 장보는 요령과 노하우가 쌓이면서 많은 부분을 차지하는 식비도 줄어들었다. 집밥을 위한 첫걸음, 합리적인 장보기 방법을 소개한다.

마트 휴업일 전날에는 꼭 장을 보라

마트가 휴업을 하는 전날에는 마트에서 다양한 할인 행사를 많이 한다. 다음날 휴업으로 신선 식품을 판매할 수 없기 때문에 마감세일보다 큰 폭의 가격 할인을 경험할 수 있다.

마트는 마감 1시간 전에 방문하라

마트의 마감 시간 전에 방문을 하면 원래 가격에서 20~30% 이상 할인된 가격으로 판매를 한다. 특히 신선 식품의 경우 그날 소진하지 못하면 다음날 팔지 못한다. 그래서 기존 가격보다 확 내려간 가격으로 식재료 구입을 할 수 있다.

동네마트는 한 곳을 공략하라

요즘 마트에서 물건을 구입하면 대부분 구매액의 일부를 적립해준다. 처음에는 얼마 되지 않아 보이지만 적립금이 쌓여서 나중에 그 금액으로 다른 물건을 구입할 수 있다. 잊지 말고 챙기자! 생수, 고기류나 생선은 대형마트에서 구입하고 채소는 동네마트에서 필요할 때마다 그때그때 구입한다. 이렇게 하면 충동구매가 준다.

장보기 힘들 때는 온라인 마켓을 이용하라

요즘 온라인 슈퍼마켓이 활성화되어 있다. 직접 보고 고를 수 없는 단점이 있지만 다양한 상품의 가격비교를 한 눈에 할 수 있어 편리하다. 또한 가입 시 주는 할인쿠폰, 할인세일, 무료배송, 타임세일을 적극 활용하면 같은 상품이라도 훨씬 저렴한 가격에 구입이 가능해서 장보기 비용을 확 줄일 수 있다.

유통기한 임박 상품을 이용하라

모든 상품이 유통기한이 지났다고 상하는 것은 아니다. 유통기한이 임박하더라도 1~2일 정도는 걱정이 없다.

퇴근 후 후다닥 밥상을 위한 준비

퇴근하면 시간이 부족해서 몸은 고단하고 밥을 대충 먹거나 외식을 하게 된다. 그래서 집밥을 해먹기 시작하면서 주말에 조금 번거롭더라도 일주일 동안 먹을 기본 반찬이나 양념, 육수를 미리 만들어 둔다. 그러면 평일 퇴근 후에도 재빨리 한 상을 차려낼 수 있다.

나물은 조리 시간이 짧기 때문에 그때그때 무쳐 먹는다. 급히 해먹을 수 있는 요리를 만들기 위해 냉동실에 국거리 소고기와 돼지고기는 항상 준비해놓으면 좋다. 평소에 부대찌개나 순대전골 같은 전골류를 즐겨 먹는다면 전골 양념장을 미리 넉넉하게 만들어 두었다가 재료만 준비해서 빠르게 전골을 끓여낼 수 있다. 전골에 들어가는 양념 재료는 거의 같지만 전골 종류에 따라서 고추장과 된장을 넣는 비율이 다르다. 순대전골 양념장은 감자탕을 끓일 때도 사용할 수 있다. 그래서 만들어 두고 먹는 양념장과 멸치 육수는 미리미리 준비해둔다.

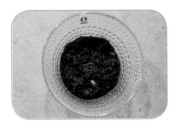

순대전골 양념장
고춧가루 3큰술, 된장 1큰술
다진 마늘 2큰술, 참치액 1큰술
국간장 2큰술, 맛술 2큰술, 후추 조금

부대찌개 양념장
고춧가루 3큰술, 고추장 1큰술
국간장 2큰술, 참치액 1큰술, 설탕 1작은술
다진 마늘 2큰술, 맛술 2큰술, 후추 조금

초고추장
고추장 3큰술, 설탕 1큰술
식초 1큰술, 다진 마늘 1큰술

쌈장
된장 2큰술, 고춧가루 1큰술
올리고당 1큰술, 다진 마늘 1큰술
매실청 1큰술, 참기름 1작은술

초간장

간장 2큰술, 식초 1큰술, 맛술 1큰술
(+ 고춧가루, 깨)

양념 간장

고춧가루 1큰술, 간장 4큰술
다진 파 조금, 맛술 2큰술
참기름 1큰술, 깨 1큰술

겨자 소스

연겨자 1큰술, 간장 1큰술
식초 1큰술, 설탕 1큰술, 물 2큰술

● 비린내 없이 구수한 멸치 육수

집밥을 위해서 멸치 육수만큼은 꼭 만들어 두자. 국, 찌개, 탕뿐만 아니라 조림, 무침, 볶음 등의 다양한 요리를 할 때도 가장 자주, 알차게 사용할 수 있다.

준비하기	**선택 재료**
국물용 멸치 한 줌(20g), 디포리 3~4개(10g), 무 300g, 파 뿌리 3개, 다시마 1장(10cm×10cm)	대파, 양파, 황태, 건 새우, 건 고추, 고추씨, 표고버섯, 북어 대가리, 북어포

1 멸치는 대가리와 내장을 제거한다. 다시마는 젖은 키친타올로 닦아내고 무는 2등분 한다.

2 냄비에 재료를 넣고 물을 부어 센 불로 끓이다가 물이 팔팔 끓으면 다시마는 건져낸다.

3 약불로 낮추고 20분간 더 끓이고. 중간 중간 떠오르는 거품은 걷어낸다.

4 불을 끄고 식을 때까지 그대로 둔다. 육수가 완전히 식으면 재료를 건져낸 뒤 냉장 보관이나 냉동 보관한다.

국물용 멸치는 7cm 이상으로 큰 대멸과 중간 크기의 중멸이 주로 사용된다. 멸치는 표면이 선명한 은색을 띄고 모양이 일정하며 자연스럽게 살짝 구부러진 것이 좋고 너무 작지 않으면서 살이 통통하게 오른 것이 좋다. 겉이 검고 기름이 배어나오며 쩐내가 나는 것은 오래된 것이다.
냉동실에 보관해서 수분이 있는 멸치는 육수를 내기 전에 마른 팬에 볶거나 키친타올을 깐 접시에 올려 전자레인지에서 40초간 돌려서 수분을 날린 후 사용하면 비린 맛이 덜하다.

일주일을 위한 주말, 잠깐의 준비

주말에 일주일 동안 만들어 먹을 요리와 반찬을 쭉 나열한 뒤 육류, 채소, 밑반찬 류가 골고루 섞일 수 있게 식단을 짠다. 식단을 간단하게라도 짜서 장을 보면 필요한 재료만 구매하기 때문에 불필요한 지출이 줄고 중복되는 메뉴가 없어서 다양한 음식을 먹을 수 있다.

장을 보러가기 전 냉장고에 남아있는 재료를 체크하고 없는 재료들만 따로 메모해서 구입하면 좋다. 또 멸치 볶음, 진미채 볶음 같은 마른 반찬은 미리 해놓고 고기와 냉동 식품은 한 끼 먹을 분량으로 나눠서 보관하면 좋다.

직장을 다니다 보면 주로 아침에는 과일이나 시리얼을 먹는데, 시간이 없으면 회사에서 간단히 먹을 간식거리나 생과일 주스를 갈아서 출근을 한다. 대신 저녁식사는 매주 다르게 구성하려고 하며 한 가지 재료를 최대한 다양하게 사용하려고 한다.

★ 삼겹살, 고등어, 햄, 빵
부추, 콩나물, 상추, 깻잎, 두부

대파 , 양파 , 멸치 , 달걀 , 고추
당근 , 베이크드빈스 , 만두

일	월	화	수	목	금	토
★냉장고파먹기 카레	떡 우유	씨리얼	토스트 우유	과일 빵	씨리얼	핫케이크 스크램블에그
떡만두국	삼겹살 된장찌개 파절이 마늘 장아찌 상추, 깻잎	김치찌개 콩나물 무침 멸치 볶음 달걀프라이	고등어 구이 두부 조림 멸치 볶음 콩나물국 김치	부대찌개 부추 무침	외식	고등어 조림 부추전 달걀 부추 볶음 김치

매일 밥상의 식단 구성은 이렇게

한 가지 재료로 다양한 요리를 할 수 있게 식단을 구성한다. 2인 가구이기 때문에 재료를 빨리 소진해야 해서 하나의 재료로 얼마나 다양한 요리를 할 수 있나 부터 생각을 하고 식단을 구성한다. 메인 요리에 들어가는 재료와 밑반찬에 들어가는 재료를 겹쳐서 사용하는 편이다.

생활비 중에서 가장 많이 차지하는 게 식비인데, 한 가지 재료로 다양한 요리를 해먹으면 외식도 줄고 제대로 '냉장고 파먹기'를 할 수 있어서 버려지는 식재료도 확 준다.

● **메인 요리에 들어가는 재료와 밑반찬에 들어가는 재료를 겹쳐서 구성하라**

달래	콩나물	두부	오이	무
달래 된장찌개	콩나물국	두부조림	오이 냉국	생선 조림
달래 양념장	콩나물 무침	두부 된장국	오이 무침	무생채

● **한 가지 반찬으로 만들기에 식재료의 양이 많다 싶으면 2~3일에 걸쳐 다양한 요리로 선보여라**

재료	요리			
배추	배춧국	배추전	배추 겉절이	밀푀유 나베
감자	감자 볶음	감자 조림	감자 수제비	
어묵	떡볶이	어묵볶음	어묵탕	
부추	부추 겉절이	부추전	달걀 부추 볶음	
양배추	양배추 샐러드	양배추 찜	각종 볶음 요리	

냉장고를 부탁해

집밥을 해먹기 위해 합리적으로 장을 보고 필요한 만큼 식재료를 사왔다고는 해도 보관을 어떻게 하느냐에 따라 재료의 운명은 갈린다. 장을 보고 나서 재료를 보관하는 방법과 제대로 된 냉장고 수납과 보관법, 청소법을 소개한다.

● 수납은 투명한 밀폐용기와 지퍼백을 이용하라

냉장고가 꽉 차면 내용물이 잘 안보여서 유통기한이 지나거나 상하는 경우가 많다. 투명한 용기나 지퍼백에 넣어서 수납할 경우 음식과 식재료를 찾는 시간을 줄일 수 있고 재료를 버리는 부분이 줄어든다.

● 장 보고 온 즉시 유통기한을 확인하고 정리하라

장을 보고 오면 냉장고에 식품을 넣기 전에 미리 유통기한 및 보관기간을 확인한다. 깔끔하게 손질해서 용기나 지퍼 백에 재료를 넣고 스티커로 유통기한을 적어두면 버리는 것 없이 늦지 않게 재료를 빨리 소진할 수 있다. 냉장고 문 앞에 메모지를 하나 붙여서 재료별 구입 날짜를 메모해두는 것도 좋다.

● 냉장고 칸마다 보관하는 법이 있다

냉장실
① 냉장고 문 쪽은 온도 변화가 가장 큰 위치라서 온도 변화에 민감하지 않은 식재료를 보관한다.
② 도어 위 칸에는 잼, 치즈, 소스, 조미료 등을 보관한다.
③ 도어 아래 칸에는 음료, 달걀을 보관한다.
④ 냉장실 위 칸은 여유 있게 먹을 수 있는 음식을 둔다. 손이 잘 안 닿기 때문에 트레이를 사용해 수납하는 것이 좋다. 단, 냉기 순환을 위해서 꽉 채우지는 않는다.
⑤ 냉장실 중간 칸은 제일 잘 보이는 위치로, 자주 꺼내먹는 밑반찬이나 보관 기간이 짧은 식품을 넣는 것이 좋다.
⑥ 냉장고 아래쪽에는 오래 두고 먹을 수 있는 저장 반찬이나 장류를 넣는다. 무게가 나가는 김치 통이나 식재료를 아래쪽에 보관하면 꺼내기 쉽다.
⑦ 냉장고 서랍 칸에는 채소와 과일 등 신선 식품을 보관한다. 깨끗하게 손질해서 신문지에 싸거나 밀폐용기에 담아서 보관해야 신선도가 오래 유지된다.

냉동실

⑧ 냉동실 도어 칸은 온도 변화에 민감하지 않은 고춧가루, 곡물, 건어물 등의 식재료를 보관한다.

⑨ 냉동실 위 칸은 조리한 음식을 소분해서 넣는다. 꽁꽁 얼면 재료 구분이 힘들어지므로 네임택을 붙이고 잘 보일 수 있게 바구니 용기에 음식을 담는다.

⑩ 냉동실 아래 칸 장기간 냉동 보관할 음식을 보관한다. 육류나 어패류 등은 냉동 보관할 경우 한 번 먹을 분량을 나눠서 냉동하는 것이 좋다.

● 냉장고가 비워지면 주기적으로 꼼꼼히 청소하라

냉장고는 식재료를 보관하는 곳이기 때문에 청결 관리가 우선이다. 먼저 선반과 수납 칸을 분리해서 중성세제를 푼 물에 담가 깨끗하게 닦는다. 냉장고 내부는 베이킹소다를 따뜻한 물에 녹여서 행주에 묻힌 다음 1차로 구석구석 닦는다. 구연산수와 식초 섞은 것을 행주에 묻혀 2차로 한 번 더 닦아주면 살균소독이 말끔하게 된다. 고무패킹 안쪽은 면봉에 베이킹소다 물을 묻혀 꼼꼼히 닦아준 뒤 전체적으로 마른 행주로 한 번 더 닦는다.

이것 정말 궁금해요

블로그를 운영하면서 많은 사람들이 요리를 좋아해주었다. 그 중에는 재료는 어떻게 사용하는지, 비슷해 보이는 양념들의 차이나 보관법 등을 궁금해 하며 물어보는 경우가 많았다. 그래서 그동안의 질문들 중에서 가장 빈번한 질문들을 소개한다.

Q 조개 해감은 어떻게 하나요?

소금물의 농도는 물 1L에 소금 1큰술 정도가 적당하다. 소금은 염분이 강한 식용 소금이 아닌 꽃소금을 넣는 게 좋고 검은 비닐봉지를 씌워서 냉장고에서 3~4시간 정도 두면 된다.

Q 무생채를 만들었는데 색깔이 안 예뻐요

무생채를 무칠 때 먼저 고춧가루에 버무려 10분간 두면 무에 붉은색이 선명하게 들어서 색이 예뻐진다. 고춧가루는 중간 굵기를 사용하는 것이 좋다.

Q 달걀지단 예쁘게 부치는 법을 알려 주세요

흰자와 노른자를 나누고, 노른자에 흰자를 1큰술 정도 넣으면 노른자가 매끈하게 만들어 진다. 지단을 뒤집을 때 나무젓가락을 중앙에 넣어서 돌돌 말아 올려 뒤집으면 잘 찢어지지 않는다.

Q 생선 해동을 쉽게 하는 법은 없나요?

물 5컵에 팔팔 끓는 뜨거운 물 2컵을 섞어 물의 온도를 40도로 맞추고, 소금 2큰술을 넣어 바닷물과 같은 염도로 만든 다음 생선을 7분 정도 담가 두면 생선의 살이 아주 탱탱하니 맛있게 해동된다.

Q 냉동 보관했던 멸치로
육수를 만드니 비린내가 나요

멸치는 눅눅하면 비린내가 심해진다. 냉동실에 보관해서 수분이 있는 멸치는 육수를 내기 전에 마른 팬에 볶거나 키친타올을 깐 접시에 올려 전자레인지에서 40초간 돌려서 수분을 날린 후 요리하면 비린 맛이 덜하다.

Q 달걀을 삶을 때
물이 끓을 때 넣나요, 끓기 전에 넣나요?

달걀은 상온에 30분 이상 두어 냉기를 뺀 뒤 끓는 물에 소금과 식초를 넣고 삶는다. 물이 끓을 때 넣으면 껍질이 잘 까진다. 6분에서 6분 30초 정도 삶아주면 반숙이 되고 11분 정도 삶으면 완숙이 된다.

Q 버섯은 씻어서 쓰나요?

버섯은 씻으면 향이 날아가고 물을 흡수해 조리하기
도 힘들고 맛이 없어진다. 버섯은 따로 씻을 필요 없
이 마른 행주로 살짝 닦는다. 그래도 찝찝하다면 흐
르는 물에 재빨리 헹궈 물기를 털어서 사용한다.

Q 버터 보관법을 알려 주세요

버터는 사용할 때마다 조금씩 덜어먹으면 잘 상하기
때문에 한 달 이내 먹는 것이 좋다. 오래 두고 먹고
싶으면 1회분 크기로 작게 잘라서 냉동 보관을 한
뒤 필요한 만큼 꺼내 쓸 수 있도록 보관한다.

Q 남은 밥은 어떻게 보관하나요?

남은 밥을 보온 상태에서 두거나 냉장 보관할 경우
맛이 떨어지기 때문에 냉동 보관을 하는 것이 좋다.
갓 지은 밥을 소분하여 포장하고 냉동 보관했다가
전자레인지에 돌리면 금방 지은 밥처럼 고슬고슬하
니 맛있다.

Q 진간장과 국간장 차이 좀 알려 주세요

국간장은 짠맛이 강해서 국이나 찌개, 나물 무침에
주로 쓰인다. 진간장은 감칠맛이 돌면서 짠맛이 덜
해서 볶음, 무침, 조림 요리할 때 사용하는 게 좋다.
양조간장은 진간장과 쓰임새는 같지만 열을 가하지
않은 무침 요리에 사용하면 좋다.

Q 튀김 온도 어떻게 하면 알 수 있어요?

빵가루나 튀김옷을 떨어뜨렸을 때 떠오르는 상태로
기름의 온도를 알 수 있다. 튀김옷을 기름에 떨어뜨
려서 바닥까지 가라앉았다가 떠오르면 160도로 두
툼한 고기나 뿌리채소를 튀기기에 좋고, 중간쯤 가
라앉았다가 떠오르면 170~180도로 튀김 요리에
적당하다. 기름 표면에서 바로 흩어지면 190~200
도로 튀김을 두 번째 튀길 때 적당하다.

Q 다 쓰고 남은 기름 처리법을 알려 주세요

튀김하고 남은 기름은 양파나 파를 넣어서 살짝 튀
긴 후 한 김 식혀주고 거름종이로 한 번 거른 후 밀폐
용기에 담아서 보관한다. 양파나 파가 기름이 산화
되는 것을 막아주고 잡내를 없애준다. 하지만 한 번
사용한 기름은 산화가 더 빨리 진행되기 때문에 되
도록이면 재사용하지 않는 것이 좋고 재사용하는 기
름은 튀김 요리보단 볶음이나 부침 요리에 사용하는
것이 좋다.

**Q 무쇠 팬에서 음식을 하고 솔로 씻고
건조한 후 시즈닝을 계속 해줘야 하나요?**

매번 음식을 하고 시즈닝할 필요는 없고 기름기 많
은 튀김, 전 위주로 하다 보면 자연스럽게 시즈닝 되
어서 들러 붙는 게 줄어든다. 음식을 하고 난 뒤 미지
근한 물에서 솔로 깨끗하게 세척하고 끓는 물에 한
번 끓인 뒤 식물성 기름으로 기름칠을 하여 보관한
다. 식물성 기름은 올리브유를 빼고 전부 다 괜찮다.

PART 1

매일매일 눈과 입이 즐거운

30일 밥상

오늘은 뭘 먹지? 모든 사람들의 가장 어렵고 가장 자주 하는 질문일 것이다. 그래서 이번 파트에서는 아무 고민 없이 누구라도 쉽게 제철 식재료로 따라할 수 있는 30일 밥상을 담았다. 여기에 나와 있는 30일 밥상을 따라하기만 해도 여러분의 집밥 고민은 해결될 것이다.

한국인이 좋아하는 영양만점 밥상

냉동실을 정리하다가 화석이 되기 직전인 국거리용 소고기로 소고기 된장찌개를 끓였다. 소고기 된장찌개에 어울리는 방풍나물 무침과 매콤 감자 조림까지 맛있게 한 상 차렸다.

조리시간 15분

소고기 된장찌개

소고기가 들어가서 감칠맛이 일품인 된장찌개

준비하기

소고기 60g	표고버섯 2개
애호박 1/4개	팽이버섯 20g
양파 1/4개	된장 2큰술
무 1/4개	고추장 1/2큰술
두부 1/2모	다진 마늘 1큰술
대파 1/2대	쌀뜨물 3컵
청양고추 1개	
홍고추 1개	

1

채소는 깨끗하게 씻고 애호박, 양파, 무, 두부, 표고버섯, 대파, 홍고추, 청양고추는 먹기 좋은 크기로 썬다. 팽이버섯은 5cm 길이로 자른다.

2

냄비에 소고기를 볶다가 반쯤 익으면 무를 넣어서 함께 볶는다.

3
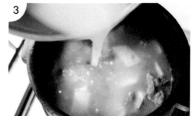
쌀뜨물 3컵을 붓는다.

4

된장과 고추장을 풀고 양파, 애호박, 두부를 넣는다.

5

팽이버섯, 표고버섯, 홍고추, 청양고추, 대파를 넣고 한소끔 끓인다.

매콤 감자 조림

간장 감자 조림이 질렸다면 매콤한 양념으로 즐기자.

조리시간 20분

준비하기	조림 양념
감자 2개(250g)	고춧가루 2큰술
청양고추 2개	고추장 1큰술
양파 1/2개	올리고당 1큰술
다시마 육수 1컵	다진 마늘 1/2큰술
식용유 1큰술	간장 3큰술
참기름 1큰술	맛술 1큰술
깨 조금	설탕 1큰술

TIP

· 감자를 기름에 볶으면 조릴 때 잘 부서지지 않는다.
· 다시마 육수나 멸치 육수를 부으면 감칠맛이 난다.

1
감자는 껍질을 벗기고 1cm 두께의 먹기 좋은 크기로 썰고 10분간 물에 담가 전분기를 뺀다.

2
양파도 감자 크기와 비슷한 크기로 깍둑 썰고 고추는 송송 썬다.

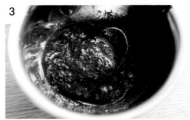

3
분량의 양념 재료를 골고루 섞어서 조림 양념을 준비한다.

4
기름을 두른 팬에 감자를 넣고 센 불에서 3분간 볶는다.

5
다시마 육수 1컵과 **3**의 양념을 넣어 중약불에서 조린다.

♨♨♨ ➡ ♨♨♨

* 다시마 육수는 75쪽 참고

6
양념이 1/3로 줄면 청양고추, 양파를 넣고 자작해질 때까지 조리다가 참기름과 깨를 뿌려서 마무리한다.

방풍나물 무침

쌉싸름한 맛이 입맛을 돌게 한다.

준비하기

방풍나물 150g
꽃소금 1/2큰술

무침 양념

된장 1/3큰술
고추장 1/2큰술
고춧가루 1/2큰술
물엿 1/2큰술
마늘 1/2큰술
참기름 조금
깨 조금

TIP

· 굵은 줄기부터 데쳐야 식감이 좋고, 나물을 데칠 때 소금을 넣으면
색감이 선명해진다.

1

끓는 물에 소금 1/2큰술을 넣고 방풍
나물을 20초간 데친 후 찬물에 헹군다.

2

양념 재료를 골고루 섞어서 무침 양념
을 준비한다.

3

1의 방풍나물은 물기를 꼭 짠 뒤 **2**의
양념과 버무리고 깨로 마무리한다.

매콤한 밥도둑이 생각날 때 차리기 좋은 밥상

마트에서 물 좋은 제주산 은갈치를 사다가 무를 듬뿍 넣고 매콤한 갈치 조림을 만들었다. 갈치 조림은 입맛 없을 때 언제나 최고의 선택이다. 새 콤달콤한 파래 무침과 짭조름한 국민 반찬 콩자반까지 건강하게 차린 한 상이다.

조리시간 30분

갈치 조림

부드러운 갈치와 사르르 녹는 무의 콜라보

준비하기

갈치 2마리(400g)
무 350g
청양고추 2개
홍고추 1개
양파 1개
대파 1/3대
다시마 육수 3컵

조림 양념

고춧가루 4큰술
고추장 1큰술
간장 4큰술
설탕 1/2큰술
올리고당 1큰술
다진 마늘 2큰술
생강가루 1/2작은술

TIP

· 갈치의 비늘을 벗기고 쌀뜨물에 담가두면 비린내를 잡는다.
· 갈치 살은 잘 부서지기 때문에 뒤적이지 말고 속살까지 양념이 잘 밸 수 있도록 뭉근하게 끓이면서 양념 국물을 끼얹는다.

1

갈치는 내장을 제거한 후 비늘을 벗기고 쌀뜨물에 30분간 담가둔다.

2

무는 0.7cm 두께로 반달 썰고 양파, 고추, 파는 어슷 썬다.

3

분량의 양념 재료를 골고루 섞어서 조림 양념을 만든다.

4

무와 다시마 육수를 넣고 무가 익을 때까지 끓인다.

* 다시마 육수는 75쪽 참고

5

1의 갈치를 넣고 3의 양념을 올린 후 센 불로 5분간 끓이다가 중약불로 불을 낮춘다. 중간 중간 조림 국물을 생선에 끼얹어가며 15분간 더 조린다.

🔥🔥🔥 ➡ 🔥🔥🔥

6

양파, 고추, 파를 넣고 약불에서 자박하게 한소끔 끓인다.

콩자반

국민 밑반찬 콩자반을 부드럽게 만들자.

준비하기

마른 서리태 1컵
콩 불린 물 1컵
양조간장 1/3컵
설탕 4큰술
올리고당 3큰술
참기름 1/2큰술
깨 1/2큰술

조리시간 50분

1
콩을 깨끗하게 씻은 후 생수나 정수 물에 5~6시간 정도 불린다. 불린 콩을 체에 밭쳐 물기를 빼고 콩 불린 물은 버리지 말고 따로 둔다.

2
불린 콩과 콩 불린 물 1컵을 냄비에 넣고 간장을 부어 센 불에서 끓이다가 물이 끓어오르면 냄비 뚜껑을 덮고 약불로 줄여 40분간 더 익힌다.

3
설탕과 올리고당을 넣고 2~3분간 더 조린다.

4
마지막으로 깨와 참기름을 뿌려 완성한다.

파래 무침

저렴한 가격에 푸짐하게 즐길 수 있는 반찬

준비하기	양념	무 절임
파래 200g	국간장 1큰술	굵은 소금 1큰술
당근 15g	설탕 1과 1/2큰술	설탕 1작은술
무 150g	식초 3큰술	
쪽파 2대	마늘 간 것 1/2큰술	
	깨 1큰술	

1

파래에 굵은 소금을 넣고 바락바락 문 지른 후 물로 3~4번 깨끗이 씻어낸다.

2

쪽파는 송송 썰고 당근은 얇게 채 썬다.

3

무는 얇게 채 썰고 굵은 소금과 설탕을 넣고 30분간 절인다.

4

양념 재료를 골고루 섞어서 양념을 준 비한다.

5

파래, 무, 쪽파, 당근에 **4**의 양념을 넣 고 무쳐낸 뒤 깨로 마무리한다.

고기를 좋아하는 남편을 위한 밥상

요즘 간편하게 먹을 수 있는 냉동 떡갈비도 나오지만 손맛이 안나서 아쉬웠다. 그래서 쫄깃쫄깃한 식감이 예술인 가래떡을 품은 떡갈비를 만들어봤다. 쫀득하고 윤기 나는 연근 조림과 얼큰한 경상도식 소고기국도 함께 만들었다.

· 가래떡을 품은 떡갈비 039쪽   · 경상도식 소고기국 040쪽   · 연근 조림 041쪽
· 메추리알 장조림 075쪽   · 배추김치

조리시간 50분

가래떡 떡갈비

쫄깃한 떡이 통째로 들어가 있어서 쫀득하다.

준비하기

소고기 300g
돼지고기 200g
떡볶이 떡 20개
검은 깨 조금
잣 조금

떡갈비 양념

간장 4큰술
올리고당 2큰술
매실청 1큰술
다진 마늘 1큰술
다진 파 3큰술
맛술 2큰술
참기름 1큰술
후추 조금

유장

올리고당 1/2큰술
참기름 1/2큰술
간장 1/2큰술

TIP

· 돼지고기 양을 많이 늘릴수록 떡갈비 식감이 더 부드럽다. 오래 치대야 점성이 생기면서 익었을 때 잘 부서지지 않는다.
· 고기가 이어진 부분은 갈라지지 않게 손으로 꾹꾹 누른다. 고기가 익으면 줄어들기 때문에 떡의 끝부분까지 고기를 감싸줘야 모양이 예쁘다.

1

떡갈비 양념의 모든 재료를 골고루 섞어서 양념을 준비한다.

2

소고기와 돼지고기를 섞고 **1**의 양념을 넣어 5분 이상 치댄 후 양념이 밸 수 있도록 30분 이상 재운다.

3

2의 고기를 일정한 크기로 나눠서 동그랗게 펼친 뒤 준비한 떡을 올리고 고기로 떡의 끝부분까지 감싼다.

4

이어진 부분이 밑으로 가게 놓고 190도 오븐에서 20분간 익히거나 프라이팬을 약불에 놓고 골고루 익힌다.

5

굽는 중간 중간 앞뒤로 두 번 유장을 발라주고 검은 깨나 잣을 뿌려서 마무리한다.

경상도식 소고기국

소고기 뭇국이랑은 전혀 다른 색다른 맛에 빠진다.

조리시간 30분

준비하기

국거리 소고기 300g	고춧가루 3큰술
작은 무 1/2개	참기름 2큰술
대파 3대	소금 조금
물 6컵	후추 조금
숙주 1봉지	
마늘 2큰술	
국간장 3큰술	

TIP

· 소고기에 적당히 기름이 붙어 있어야 국을 끓였을 때 국물이 고소
  하고 맛있다.
· 국간장으로만 간을 맞추면 국물색이 탁해지니 마지막은 소금으로
  간을 맞춘다.

1

무는 연필 깎듯이 썰고 파는 길쭉하게
썬다.

2

냄비에 참기름을 두르고 중약불에서
소고기를 볶다가 소고기 겉면이 익으
면 고춧가루 3큰술을 넣어서 한 번 더
볶는다.

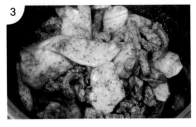

3

무를 넣어서 중불에서 달달 볶는다.

🔥🔥🔥🔥 ➡ 🔥🔥🔥

4

무가 반쯤 익으면 센 불로 올리고 물
을 부어 끓인다.

🔥🔥🔥 ➡ 🔥🔥🔥

5

중약불로 불을 줄이고 파와 숙주, 마
늘을 넣고 국간장과 소금으로 간을 맞
춘다.

🔥🔥🔥 ➡ 🔥🔥🔥

연근 조림

실패 없이 쫀득하고 윤기 있게 만든다.

준비하기

연근 500g	물 3컵	식초 1큰술
간장 1/4컵	맛술 1/2컵	식용유 2큰술
쌀엿 1/2컵	설탕 2큰술	참기름 조금

TIP

· 연근은 암수가 나누어져 있다. 통통하고 길이가 짧은 암연근, 길이
  가 길고 두께가 가는 숫연근으로 나뉜다. 숫연근은 아삭한 식감 때
  문에 튀김이나 생식용으로 좋고 암연근은 쫀득한 식감 때문에 조림
  용으로 좋다.

· 연근을 식초 물에 데치면 아린 맛과 떫은 맛을 없애고 조림을 하는
  시간도 단축된다.

· 밑이 두꺼운 냄비에 약불로 오랜 시간 조리는 것이 연근 조림의 포
  인트다.

1

껍질을 벗긴 연근 500g을 약 0.7cm
두께로 썰어 물에 잠시 담가서 전분기
를 뺀다.

2

끓는 물에 식초 1큰술을 넣고 연근을 5
분간 데친 후 찬물로 씻어 물기를 뺀다.

3

팬에 식용유를 두르고 중불에서 2~3분
간 볶고 물 3컵을 부은 후 간장, 맛술,
설탕을 넣어 끓인다.

4

물이 끓으면 중약불로 줄이고 뚜껑을
덮은 채로 약 30분간 조린 후 중간 중
간 2~3번씩 뒤적인다.

5

조림간장이 반으로 줄면 쌀엿을 넣고
골고루 섞은 뒤 약불로 낮추고 1시간
정도 더 조리다가 중불로 올려 조림 간
장이 없어질 때까지 연근을 10분간 볶
는다. 🔥🔥🔥 ➡ 🔥🔥🔥

6

마지막으로 참기름을 뿌린 후 뚜껑을
닫고 식혀 마무리한다.

돈가스 전문점 못지않은 우리집 밥상

치즈가 쭈욱 늘어지는 치즈 돈가스의 인기가 높다. 만들기 어려워 보이지만 저렴한 재료로 쉽고 간단하게 만들 수 있다. 이제 유명 돈가스집에 새벽부터 줄서서 기다리지 않아도 된다. 거기에 홈메이드 단호박 스프도 함께인 최고의 밥상이다.

· 치즈 돈가스 043쪽   · 단호박 스프 044쪽   · 콥 샐러드 045쪽

치즈 돈가스

고기 반 치즈 반 겉은 바삭 속은 촉촉한 돈가스

준비하기

돼지고기 등심 500g	빵가루 조금	소금 조금
모짜렐라 치즈 400g	밀가루 조금	후추 조금
달걀 2개	파슬리 가루 조금	

TIP

· 고기에 랩이나 비닐을 깔고 두드려야 고기가 찢어지지 않는다.
· 치즈를 빈틈없이 잘 감싸줘야 나중에 튀겼을 때 치즈가 새어나오지
  않는다.

1

돼지고기는 키친타올로 꾹꾹 눌러서 핏물을 제거한다. 랩을 올리고 고기용 망치로 두드려서 얇게 펴고 소금, 후추를 뿌려 밑간한다.

2

모짜렐라 치즈는 돼지고기 크기에 맞게 세로 8cm, 가로 3cm, 두께 1cm로 자른다.

3

돼지고기 위에 치즈를 올리고 돌돌 만다.

4

랩으로 돼지고기를 감싸서 모양을 잡고 냉장고에 1시간 동안 둔다.

5

밀가루, 달걀, 빵가루 순으로 튀김옷을 입힌 돈가스를 170도로 예열한 기름에서 속까지 익을 수 있도록 약 4분간 튀긴다.

6

치즈가 흘러내리지 않게 돈가스를 칼로 빠르게 자르고 파슬리 가루를 뿌린다.

단호박 스프

우유와 생크림이 들어가서 부드럽고 고소하다.

준비하기

단호박 1/2개(500g) 올리고당 1큰술
양파 1/2개   소금 1작은술
마늘 2개
우유 1컵(200ml)
생크림 1컵(200ml)
버터 20g

조리시간 40분

TIP

· 단호박을 전자레인지로 살짝 돌려주면 껍질을 제거하기 쉽다.

1
마늘은 편으로 썰고 양파는 채 썬다.

2
단호박은 반으로 잘라서 전자레인지에서 2~3분간 돌린다.

3
단호박은 숟가락으로 씨 부분을 깨끗하게 긁어낸다. 6등분으로 자르고 껍질을 두껍게 벗긴 후 일정한 크기로 깍둑 썬다.

4
뜨겁게 달군 냄비에 버터를 녹이고 양파와 마늘을 약불에서 볶는다. 양파가 투명해지기 시작하면 단호박을 넣고 5분간 더 볶는다.

5
우유를 붓고 센 불로 올려서 끓이다가 우유가 끓어오르면 중불로 줄이고 3분간 잘 저으면서 끓인다.

🔥🔥🔥 ➡ 🔥🔥🔥

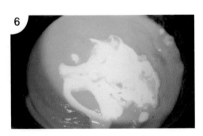

6
불을 끄고 미지근하게 식힌 **5**를 믹서로 곱게 갈아서 냄비에 붓는다. 생크림을 넣고 중불에서 끓이다가 보글보글 끓어오르면 올리고당과 소금을 넣어 마무리한다.

콥 샐러드

한 끼 식사로도 충분한 든든한 샐러드

준비하기	드레싱
옥수수콘 5큰술	플레인 요거트 5큰술
블랙 올리브 15개	마요네즈 2큰술
달걀 2개	꿀 2큰술
방울토마토 5개	다진 양파 2큰술
베이컨 3줄	레몬즙 1큰술
	소금 한 꼬집
	후추 조금

1 끓는 물에 소금 1/2큰술을 넣고 달걀을 9분간 삶는다.

2 옥수수콘은 체에 밭쳐 물기를 뺀다.

3 삶은 달걀, 방울토마토, 블랙 올리브는 먹기 좋은 크기로 자른다.

4 베이컨은 먹기 좋은 크기로 자른 뒤 프라이팬에 굽는다.

5 분량의 드레싱 소스 재료를 섞어 드레싱을 만든다.

6 준비한 재료를 접시에 담고 **5**의 드레싱을 뿌린다.

제철 재료로 즐기는 푸짐한 밥상

가을은 꽃게가 제철이다. 봄에는 암꽃게의 알이 꽉 차오르고 가을에는 수꽃게의 근육이 차오른다고 한다. 아침저녁으로 바람이 쌀쌀해지는 가을에 좋은 따끈한 국물 요리 꽃게탕. 가을철 꽃게로 만들어서 그런지 국물 맛이 얼큰하고 감칠맛까지 더해져 정말 맛있다.

· 꽃게탕 047쪽   · 참나물 무침 048쪽   · 감자 볶음 049쪽
· 무생채 182쪽

꽃게탕

얼큰하고 감칠맛까지 더해져 속이 확 풀려요.

준비하기

꽃게 2마리	대파 1/2대
바지락 한 줌	청양고추 1개
물 8컵	홍고추 1개
무 한 토막(150g)	쑥갓 한 줌
다시마 2조각	팽이버섯 조금
애호박 1/3개	

양념

된장 1과 1/2큰술
고추장 1큰술
고춧가루 1큰술
다진 마늘 1큰술
국간장 1큰술
청주 1큰술
후추 조금
소금 조금

TIP

· 활 꽃게는 냉동실에 1시간 동안 넣어두거나 얼음물에 20~30분간 담가서 기절시키고 냉동 꽃게는 소금물에 담가 15분간 해동한다. 꽃게 사이즈에 따라 먹기 좋은 크기로 자르는데, 처음부터 작게 자르면 끓일 때 살이 흘러나올 수 있으므로 먼저 반으로 자른 후 끓이다가 살이 단단해 졌을 때 먹기 좋은 크기로 자르는 것이 좋다.

1

꽃게를 먹기 좋게 손질한다.

2

바지락은 바락바락 문질러서 씻은 후 소금을 넣은 물에 담가 해감시킨다.

3

무는 국물이 잘 우러날 수 있도록 0.5cm 두께로 나박하게 썰고 애호박, 대파, 청양고추는 어슷 썬다.

4

물에 된장과 고추장을 체에 밭쳐 풀고 무와 다시마를 넣어 바글바글 끓으면 다시마를 건져낸다. 게딱지를 넣고 냄비 뚜껑을 닫은 채 중불에서 약 15분간 무가 투명해질 때까지 끓인다.

5

중강불로 불을 올리고 손질한 꽃게 몸통을 넣고 다시 뚜껑을 덮고 약 7분간 끓인다. 꽃게가 다 익어갈 때 바지락을 넣는다. 중간 중간 거품을 걷어내면 국물 맛이 깔끔하다.

6

호박, 대파, 국간장, 다진 마늘, 고춧가루, 청주를 넣고 3분간 끓이고 쑥갓과 팽이버섯을 올린다. 후추를 뿌리고 소금으로 간을 한다. 고춧가루는 텁텁할 수 있으니 청양고추로 맛을 조절한다.

참나물 무침

입 안 가득 퍼지는 향긋한 냄새와 참기름의 고소한 맛

조리시간 10분

준비하기

참나물 1단(200g)   참기름 조금
굵은 소금 1/2큰술   깨 조금
다진 마늘 1큰술
국간장 1큰술
소금 조금

TIP

· 참나물은 미나리과에 속하는 풀로 8~9월이 제철이지만 요즘은 사
  계절 내내 맛볼 수 있다. 섬유질이 많아 변비에 효과적이고, 다이어
  트에도 도움이 된다. 베타카로틴이 풍부해 눈 건강에도 좋다.
· 너무 오래 데치면 물러지기 때문에 데치는 시간은 1분을 넘기지 않
  는다.

1

참나물은 누런 잎을 떼고, 굵고 억센 줄
기 밑 부분은 자른다.

2

손질이 끝난 참나물은 흐르는 물에 깨
끗이 씻어서 채반에 밭쳐 물기를 뺀다.

3

끓는 물에 굵은 소금 1/2큰술을 넣고
두꺼운 줄기부터 담가 흔들어가며 10
초간 익히다가 잎을 넣어서 20초간 더
데친다.

4

건져낸 참나물은 열기가 남지 않도록
바로 찬물에 넣어서 여러 번 헹군다.

5

물기를 꼭 짠 참나물은 4~5cm 정도의
먹기 좋은 길이로 자른다.

6

5의 참나물에 다진 마늘, 국간장, 소금
을 넣고 조물조물 무친 뒤 참기름 한 큰
술을 두르고 깨로 마무리한다.

감자 볶음

고소하고 담백한 맛이 좋은 감자 볶음

준비하기

감자 2개	물 1컵	소금 조금
당근 1/4개	다진 마늘 1/2	후추 조금
양파 1/2개	참기름 1큰술	깨 조금
청양고추 1개	굵은 소금 1큰술	

TIP

· 감자는 7월이 제철이며, 보통 7~9월까지 나오는 감자를 햇감자라
고 한다. 감자는 흠집이 적고 주름이 없으며 매끄럽고 무거우며 단
단한 것을 고른다. 녹색 빛이나 싹이 난 감자는 피한다. 감자는 통
풍이 잘되는 곳에 보관하고 사과와 함께 두면 감자싹을 방지할 수
있다.

· 감자를 채 썬 후 소금물에 담가놓으면 감자에 간도 배고 전분기가
빠져서 볶을 때 들러붙지 않으며 잘 부서지지 않는다.

· 냉장고에 있는 다양한 제철 채소를 이용해서 색감과 영양을 보충하
면 좋다.

1

감자는 껍질을 벗기고 가늘게 채 썬다.

2

채 썬 감자에 굵은 소금을 넣고 물 1컵
을 부어 10분간 절인다.

3

소금에 절여 놓은 감자는 물에 가볍게
두 번 정도 헹궈낸 뒤 채반에 밭쳐 물기
를 뺀다.

4

양파와 당근은 얇게 채 썰고 청양고추
도 반으로 갈라 씨를 제거한 후 어슷하
게 채 썰어서 준비한다.

5

달군 팬에 기름을 넉넉히 두르고 마늘
을 볶아 향을 낸 후 **3**의 감자를 넣어서
달달 볶는다.

6

감자에 윤기가 돌면서 살짝 투명해지면
양파를 넣고 함께 볶다가 당근과 청양
고추를 넣고 가볍게 볶는다. 참기름과
깨를 뿌리고 소금으로 간을 한다.

집에서 간단하게 차리는 중식 밥상

바쁠 때는 한 그릇 요리가 최고다. 그래서 매콤 칼칼한 양념과 부드러운 두부가 만나 환상적인 맛을 자랑하는 마파두부 덮밥과 쫄깃한 식감이 좋은 버섯탕수를 만들었다.

· 마파두부 덮밥 051쪽   · 표고버섯탕수 052쪽   · 날개 군만두 053쪽

마파두부 덮밥

두반장만 있으면 손쉽게 만들 수 있는 마파두부 덮밥

준비하기

두부 1모
돼지고기 다진 것 200g
양파 1/2개
청양고추 1개
홍고추 1개
대파 1대
마늘 3개
물 1컵

고추기름 2큰술
전분물 2큰술
(전분 1 : 물 1.5)
참기름 조금

고기 밑간

간장 1큰술
맛술 1큰술
후추 조금

양념

두반장 2큰술
굴소스 1큰술
고춧가루 1큰술

TIP

· 고기는 돼지고기와 소고기 두 가지 모두 사용해도 되지만 돼지고기
로 만들면 식감이 훨씬 부드럽다.

· 소금물에 두부를 데치면 두부가 단단해져서 잘 뭉개지지 않는다.

1

돼지고기에 밑간 재료를 넣고 밑간한다.

2

양념 재료를 골고루 섞어서 양념을 준
비한다.

3

양파와 마늘은 다지고, 파와 고추는 송
송 썬다.

4

두부는 네모 모양으로 작게 자르고 끓
는 물에 소금 1/2큰술을 넣고 살짝 데
친다.

5

달군 팬에 고추기름 2큰술을 두르고 약
불에서 대파와 다진 마늘을 볶아 향을
낸다. 중불로 불을 올리고 고기를 넣어
서 덩어리지지 않게 잘 풀어서 볶는다.

🔥🔥🔥 ➡ 🔥🔥🔥

6

양파와 **2**의 양념을 넣어서 골고루 볶
다가 물 1컵을 붓고 양념이 끓어오르
면 두부를 넣고 약불로 줄인 후 전분물
로 농도를 맞춘다. 고추와 후추를 넣고
기호에 따라 참기름을 넣는다.

표고버섯탕수

새콤달콤한 소스와 쫄깃쫄깃한 식감이 일품

조리시간 30분

준비하기

표고버섯 8개
달걀 1개
전분가루 10큰술
(고구마 7 : 옥수수 3)
파프리카 1/2개
양파 1/2개

소스

간장 2큰술
설탕 5큰술
식초 5큰술
물 1컵
전분물 2큰술
(전분 1 : 물 1.5)

TIP

· 튀김옷 안에 공기층이 생기게 체로 쳐가면서 튀긴다. 처음 튀기면
채소에서 수분이 나오기 때문에 두 번 튀겨서 수분을 날려주는 과
정이다.

· 버섯은 너무 오래 익힐 필요가 없기 때문에 튀김 반죽이 노르스름
해지면 건진다.

1 표고버섯은 4등분으로 자른다.

2 비닐 팩에 전분가루 2큰술과 표고버섯
을 넣고 잘 흔든다.

3 전분에 물을 부어서 2시간 정도 녹말을
불린다. 녹말 앙금은 남겨두고 물만 따
라낸 후 식용유 3큰술과 달걀흰자를 넣
고 잘 섞어서 튀김 반죽을 만든다.

4 반죽을 골고루 묻히고 170도로 달군
기름에 버섯을 튀긴다.

5 반죽이 어느 정도 익으면 건져서 한 김
식힌 후 한 번 더 튀긴다.

6 파프리카, 양파, 당근을 먹기 좋은 크기
로 썰고, 분량의 소스 재료를 모두 넣어
끓이다가 소스가 끓어오르면 채소를 넣
고 전분물을 넣어서 농도를 맞춘다.

조리시간 15분

날개 군만두

아랫면은 바삭바삭 윗면은 촉촉

준비하기

만두 6개
물 1/2컵
전분가루 1큰술
식용유 조금

TIP

· 전분물을 너무 많이 부으면 두꺼워지니 조금만 붓는다.

1

물과 전분가루를 섞어 전분물을 만든다.

2

팬에 식용유를 두른 뒤 키친타올로 닦고 중약불에서 만두를 굽는다.

3

만두 밑면이 노릇노릇해지면 **1**의 전분물을 붓는다.

4

전분물이 끓어오르면 약불로 줄이고 뚜껑을 닫은 채 2분간 익힌다.

🔥🔥🔥 ➡ 🔥🔥🔥

5

뚜껑을 열고 수분을 날린다.

07일
디니의 밥상

외식할 필요 없는 주꾸미 정식 밥상

매콤하고 칼칼한 주꾸미 볶음과 고르곤졸라 피자의 조합 그리고 시원한 묵
사발만 있으면 밖에서 외식할 필요가 없다는 것! 저렴한 가격으로 푸짐하
게 즐길 수 있는 주꾸미 정식을 만들어 보자.

· 주꾸미 볶음 055쪽   · 고르곤졸라 피자 056쪽   · 묵사발 057쪽
· 무생채 182쪽   · 삶은 콩나물

주꾸미 볶음

수분 없이 바싹 볶아내 매콤한 맛이 좋다.

준비하기

주꾸미 600g
양배추 1/4개
양파 1/2개
당근 1/4개
대파 1대
청양고추 2개
식용유 2큰술

밀가루 2큰술
소금 1큰술
참기름 조금

볶음 양념

고추장 2큰술
고춧가루 5큰술
간장 3큰술
올리고당 2큰술
설탕 1큰술
다진 마늘 2큰술
맛술 2큰술

굴소스 1큰술
후추 조금

TIP

· 밀가루와 소금을 같이 넣어서 씻으면 이물질도 제거되고 밑간도 된다.
· 주꾸미를 미리 데치면 볶을 때 물이 생기지 않는다. 오래 삶으면 식감이 질겨지니 살짝만 데친다.

1

주꾸미는 머리를 뒤집어 가위로 내장과 입을 제거하고 밀가루 2큰술과 소금 1큰술을 뿌려서 5분간 바락바락 치대고 거품이 나오지 않을 때까지 물에 헹군다.

2

손질이 끝나면 팔팔 끓는 물에 20초간 살짝 데쳐 건져낸 뒤 찬물에 씻는다.

3

분량의 양념을 모두 섞어서 양념을 만든다.

4

양파는 굵게 채 썰고 대파와 청양고추는 어슷 썰고, 당근은 반달 썰고 양배추는 큼지막하게 썬다.

5

달군 팬에 식용유를 두르고 센 불에서 양파, 당근, 양배추를 볶다가 반쯤 익었을 때 **3**의 양념을 넣어 골고루 섞이게 볶는다.

6

주꾸미를 넣고 1~2분간 볶다가 청양고추와 파를 넣어 재빨리 섞고 불을 끈다. 기호에 따라 참기름을 넣는다.

묵사발

시판 냉면 육수를 이용해 간편하게 만드는 새콤달콤 묵사발

준비하기	김치 밑간
도토리묵 1모	설탕 1/2큰술
시판용 냉면 육수 1팩	참기름 1/2큰술
신 김치 1/2컵	
오이 1/2개	
양파 1/4개	
김가루 조금	
깨 조금	

조리시간 10분

TIP

· 도토리 속에 들어있는 아콘산은 인체 내부의 중금속과 여러 유해물
 질을 흡수하고 배출시키는 작용을 하고 피로회복과 숙취 제거에 효
 과가 있다.

1

묵은 기호에 맞는 크기로 썬다.

2

양파와 오이는 얇게 채 썰고, 양파는 찬
물에 20분간 담가 아린 맛을 제거한다.

3

김치는 잘게 다져서 설탕과 참기름을
넣어 버무린다.

4

그릇에 **1, 2, 3**의 재료를 담고 냉면 육
수를 붓는다. 고명으로 김가루를 올리
고 깨를 뿌린다.

조리시간 15분

고르곤졸라 피자

은은한 마늘 향과 고소하게 씹히는 아몬드의 맛

준비하기

또띠아 2장
모짜렐라 치즈 한 줌
다진 마늘 1큰술
올리브유 2큰술
꿀 1큰술
고르곤졸라 치즈 조금
슬라이스 아몬드 조금

TIP

· 견과류를 올리면 조금 더 고소해지고 씹는 맛이 좋다.
· 오븐 온도가 다르니 중간 중간 확인하는 것이 좋다.

1
올리브유에 다진 마늘을 넣고 노릇노릇
하게 볶는다.

2
또띠아 1장에 모짜렐라 치즈를 조금 깔
고 나머지 또띠아로 덮는다.

3
1의 마늘 소스를 또띠아에 펴 바르고
꿀을 살짝 뿌린다.

4
또띠아 위에 모짜렐라 치즈와 슬라이스
아몬드를 골고루 뿌리고 고르곤졸라 치
즈를 군데군데 올린다.

5
180도로 예열한 오븐에서 10분간 굽
는다.

한 쌈 가득 입이 즐거운 밥상

입맛 없을 때 된장찌개를 끓여서 한 쌈 싸먹으면 없던 입맛도 돌아온다. 쫄깃한 우렁을 듬뿍 넣어 자박하게 끓여낸 우렁 강된장과 만만하게 만들어 먹을 수 있는 제육볶음 그리고 오독오독한 식감이 좋은 톳 두부 무침까지 푸짐하게 차렸다.

· 제육볶음 059쪽   · 우렁 강된장 060쪽   · 톳나물 두부 무침 061쪽
· 연근 조림 041쪽   · 들깨 무나물   · 양배추 쌈

조리시간 30분

제육볶음

깔끔하고 매콤한 양념 맛이 일품인 제육볶음

준비하기	고기 밑간	양념
돼지고기 앞다리 살 600g	간장 4큰술	간장 4큰술
양배추 한 줌	매실청 5큰술	고춧가루 4큰술
대파 1대	다진 마늘 1큰술	고추장 2큰술
청양고추 1개	후추 조금	설탕 3큰술
홍고추 1개		양파 간 것 4큰술
참기름 1큰술		다진 마늘 2큰술
식용유 조금		맛술 2큰술
		후추 조금

TIP

· 앞다리 살은 뒷다리 살보다 식감이 부드럽고 기름이 적당히 있어서 제육볶음용으로 좋다. 고기의 두께는 얇을수록 야들야들하고 맛이 좋다.

1

고기는 찬물에 담가 핏물을 뺀 뒤 밑간 양념을 넣어서 약 30분간 숙성한다. 고기 밑간을 미리 해두면 고기에 간이 잘 배고 잡내도 없다.

2

분량의 양념 재료를 모두 섞어서 양념을 만든다. 양념은 미리 만들어서 하루 정도 숙성시키면 감칠맛이 좋고 깊은 맛이 난다. 설탕은 기호에 맞게 조절한다.

3

양배추는 큰 사각형 모양으로 자르고 대파와 고추도 송송 썬다.

4

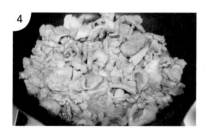

프라이팬에 식용유 1큰술을 두르고 센 불에서 고기를 재빨리 볶는다. 고기의 핏기가 사라지고 거의 익어 갈 때쯤 토치로 불맛을 입히면 직화의 맛을 느낄 수 있다.

5

고기가 약 80% 정도 익으면 **2**의 양념을 넣고 골고루 볶는다.

6

양배추와 대파를 넣고 볶다가 반쯤 익으면 고추와 참기름을 넣고 섞는다.

우렁 강된장

우렁의 쫄깃한 식감과 된장의 짭조름한 맛의 조화

조리시간 20분

준비하기

우렁 한 줌(100g)	물 1컵
양파 1/2개	맛술 2큰술
애호박 1/3개	들기름 1큰술
불린 표고버섯 2개	참기름 조금
대파 1/2대	
청양고추 1개	
홍고추 1개	

양념

된장 2큰술
고추장 1큰술
고춧가루 1큰술
마늘 1큰술

TIP

· 자숙 우렁은 흐르는 물에 살짝 헹군다.
· 시판 된장 1큰술, 집 된장 1큰술을 섞은 된장으로 만들면 맛이 좋다.
· 오래 끓이면 우렁이 질겨질 수 있으니 우렁은 마지막에 넣어서 살짝만 끓인다.

1
우렁은 끓는 물에 3분간 삶은 뒤 굵은 소금과 밀가루를 넣고 바락바락 문질러 씻고 1~2번 정도 헹군 후 물기를 뺀다.

2
애호박은 씨를 제거하고 잘게 깍둑 썰고, 건 표고버섯은 물에 불려서 먹기 좋게 썰고 양파, 고추는 우렁 크기에 맞춰서 썬다.

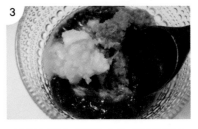

3
분량의 양념 재료를 모두 섞어서 양념을 만든다.

4
뚝배기에 들기름을 두르고 애호박, 양파, 버섯을 넣어서 중불에서 볶다가 **3**의 양념을 넣고 약불에서 2분간 골고루 볶는다. 🔥🔥💧 ➡ 🔥🔥💧

5
재료가 잠기게 물 1컵을 넣고 중약불에서 5분간 조린다. 💧💧💧 ➡ 🔥🔥💧

6
우렁, 고추, 대파를 넣고 한소끔 끓인 뒤 불을 끄고 참기름을 두른다.

톳나물 두부 무침

오독오독한 식감의 톳나물과 단백하고 고소한 두부의 만남

준비하기

톳 300g	마늘 1큰술	굵은 소금 1/2큰술
두부 1/2모(200g)	국간장 1큰술	소금 조금
쪽파 2대	참기름 1큰술	깨소금 조금

TIP

· 톳은 오래 데치면 물러지고 식감이 아삭하지 않아 초록색이 될 때 까지만 살짝 데친다.
· 두부에 물기가 없어야 나물을 무쳤을 때 양념이 겉돌지 않고 고소 하고 맛이 좋다.

1 마늘은 다지고 쪽파는 송송 썬다.

2 톳은 바락바락 주물러서 씻은 뒤 물기를 뺀다.

3 끓는 물에 소금 1/2큰술을 넣고 톳을 30 초간 데친 뒤 찬물에 헹군다.

4 두부는 끓는 물에서 5분간 삶고 칼등으로 으깬 뒤 면보에 넣어서 물기를 꼭 짜준다.

5 볼에 톳, 두부, 쪽파, 다진 마늘, 간장을 넣고 바락바락 무친다. 부족한 간은 소금으로 하고 마지막에 참기름을 두르고 깨소금을 뿌린다.

집에서 즐기는 닭갈비 밥상

고기를 좋아하다 보니 밖에서 사먹는 닭갈비는 채소가 많아서 늘 아쉽다.
그래서 마트에서 닭다리 한 팩을 사다가 집에서 닭갈비를 만들어 먹으면
푸짐하게 한 끼를 즐길 수 있다. 맛있는 닭갈비 양념 비법과 추억의 음식인
마카로니 샐러드까지 만들어 보자.

· 닭갈비 063쪽   · 콩나물 국 064쪽   · 마카로니 샐러드 065쪽
· 쌈무   · 깻잎

조리시간 30분

닭갈비

매콤한 닭다리 살과 채소의 만남

준비하기

닭다리 살 300g
양파 1/2개
양배추 1/4개
깻잎 10장
대파 1대
홍고추 1개

양념

고추장 2큰술
고춧가루 3큰술
카레 1큰술
간장 2큰술
물엿 1큰술
설탕 1큰술

다진 마늘 1큰술
맛술 2큰술
후추 조금

TIP

· 닭가슴 살 대신 닭다리 살을 사용하면 퍽퍽하지 않고 야들야들 부드럽다.

1

분량의 양념 재료를 섞어서 양념을 만든다.

2

닭다리 살에 **1**의 양념 1/2을 넣고 양념이 배게 1시간 이상 재운다.

3

양배추는 2cm 두께로 길쭉하게 썰고 양파는 채 썰고 고추, 대파는 어슷 썬다.

4

팬에 식용유를 살짝 두르고 중불에서 닭 껍질부터 2분간 익힌다. 닭다리 살이 1/3정도 익으면 먹기 좋은 크기로 자른다.

5

양배추, 양파를 넣어서 함께 볶다가 숨이 살짝 죽으면 남은 양념을 넣고 중불에서 5분간 볶는다.

6

마지막으로 대파, 고추, 깻잎을 넣고 1분간 볶는다.

콩나물 국

새우젓을 넣어 시원하고 감칠맛이 난다.

준비하기

콩나물 200g
물 5컵
대파 1대
홍고추 1/2개
청양고추 1/2개
새우젓 2큰술
다진 마늘 1큰술
소금 1/2큰술

TIP

· 콩나물은 온도 변화가 크면 비린내가 나기 때문에 처음부터 뚜껑을 열고 끓이거나 뚜껑을 닫고 끓여야 비린내가 나지 않는다.
· 물이 끓고 비릿한 냄새가 구수한 냄새로 바뀌면 콩나물이 알맞게 잘 익은 것이다.

조리시간 20분

1 콩나물은 깨끗하게 다듬어서 흐르는 물에 2~3번 헹군다.

2 홍고추, 청양고추, 대파를 송송 썬다.

3 냄비에 물을 붓고 콩나물과 소금 1/2큰술을 넣은 뒤 뚜껑을 닫고 센 불에서 끓인다.

4 중불로 줄이고 뚜껑을 열어서 대파, 다진 마늘, 청양고추를 넣는다.

🔥🔥🔥 ➡ 🔥🔥🔥

5 새우젓으로 간을 하고 한소끔 끓인다.

마카로니 샐러드

누구나 쉽게 만드는 추억의 맛

준비하기

마카로니 1컵	옥수수콘 3큰술
마요네즈 6큰술	꿀 1큰술
김밥 햄 2개	레몬즙 1/2컵
맛살 2개	후추 조금
오이 1/2개	

마카로니 삶기

물 7컵
소금 1큰술

TIP

· 마카로니는 소금을 넣고 삶아야 간이 배여서 맛있다.

· 마카로니는 찬물에 절대 헹구지 말고 위아래로 섞어서 식힌다.

· 당근, 파프리카를 넣으면 색감이 더 예뻐진다. 햄은 끓는 물에 살짝 데친다.

1 끓는 물에 소금 1큰술을 넣고 마카로니를 10분간 삶는다.

2 마카로니는 체에 밭쳐 물기를 제거한다.

3 햄, 맛살, 오이를 잘게 다진다.

4 옥수수콘은 체에 밭쳐 물기를 뺀다.

5 마카로니와 **3**의 재료, **4**의 옥수수콘을 볼에 넣고 레몬즙, 마요네즈, 꿀을 넣어 버무린다.

명절 음식으로 차린 풍성한 밥상

따뜻한 국물 요리가 당겨서 양지를 넣고 소고기 뭇국을 끓였다. 소고기 뭇국
은 자극적이지 않고 진하고 담백해서 남녀노소가 좋아하는 국물 요리이다.
동그랑땡, 삼색전과 삼색나물까지 풍성하게 차렸다.

· 돼지고기 동그랑땡 067쪽   · 삼색 꼬치전 068쪽   · 소고기 뭇국 069쪽
· 삼색나물 070, 071쪽   · 황태 장아찌   · 배추김치
· 동치미

돼지고기 동그랑땡

시중에 파는 냉동 동그랑땡과는 비교도 안 되는 꿀맛

준비하기

돼지고기 다진 것 300g	대파 1대	밀가루 1컵
두부 1/2모	다진 마늘 1큰술	달걀 2개
양파 1/2개	참기름 1큰술	소금 조금
당근 1/4개	간장 1큰술	후추 조금

TIP

· 돼지고기 동그랑땡은 초장이나 간장에 찍어 먹기 때문에 간을 딱 맞출 필요는 없다. 짜지 않을 정도만 간을 한다.

· 동그랑땡 반죽을 두껍게 만들면 겉부분은 타고 속은 덜 익을 수도 있으니 속까지 완전히 익힌다는 생각으로 약불에서 오래 굽는다. 바닥면이 노릇해질 때까지 기다렸다가 딱 한번만 뒤집어줘야 색이 깔끔하다.

양파, 당근, 대파를 곱게 다진다.

두부는 칼로 잘게 으깬 뒤 면보에 넣어 물기를 꼭 짜준다.

볼에 다진 돼지고기, 당근, 양파, 대파, 으깬 두부, 다진 마늘을 넣는다.

3에 간장, 소금, 후추를 넣어 간을 하고 참기름 1큰술을 넣는다. 재료들이 골고 루 잘 섞이게 치댄다. 오래 치댈수록 끈 기가 생겨서 잘 부서지지 않는다.

반죽은 먹기 좋은 크기로 동글납작하게 빚는다.

밀가루와 달걀물을 입혀서 약불에서 앞 뒤로 노릇하게 굽는다.

삼색 꼬치전

알록달록 깔끔하고 예쁘게 굽는 비법

조리시간 30분

준비하기

김밥 햄 5개 부침가루 1/2컵
맛살 5개 식용유 조금
단무지 5개 소금 조금
쪽파 8대
달걀 2개

TIP

· 이쑤시개는 식초 넣은 물에 2~3분간 끓인 후 찬물에 헹궈 한 번 소독해서 사용하면 좋다.
· 꼬치 뒷면에만 밀가루를 입혀주면 나중에 구워냈을 때 재료의 색상이 선명하다.
· 여러 번 뒤집으면 기름을 많이 흡수해서 색이 예쁘지 않으니 밑면을 충분히 익히고 한 번만 뒤집는다.

1 모든 재료를 약 7cm 길이로 자른다.

2 재료가 겹치지 않게 끝부분 1cm를 남기고 이쑤시개에 끼운다.

3 끝을 깔끔하게 자른다.

4 달걀을 체에 거르고 소금을 한 꼬집 넣어서 섞는다.

5 꼬치의 뒷부분에 부침가루를 묻히고 탈탈 턴다.

6 꼬치에 달걀물을 골고루 묻힌다. 달군 팬에 식용유를 두르고 약불에서 꼬치를 앞뒤로 노릇하게 부친다.

소고기 뭇국

뜨끈하고 담백한 국물 요리

준비하기

소고기 양지 300g
무 1/4개(600g)
물 10컵
대파 1/2대
다진 마늘 1큰술
참기름 2큰술

맛술 2큰술
국간장 1큰술
다시마 3~4조각
굵은 소금 조금
후추 조금

소고기 밑간

국간장 1큰술
맛술 2큰술

TIP

· 소고기를 결 반대 방향으로 썰면 질기지 않고, 부드러운 식감을 느
  낄 수 있다.
· 무는 중간 부분이 단단하기 때문에 오래 끓여도 쉽게 부서지지 않
  아서 국이나 찌개에 사용하면 맛도 좋고 모양도 좋다.
· 중간 중간 떠오르는 거품을 걷어 내줘야 국물색이 탁하지 않고 국
  물 맛도 한결 깔끔하다.

1

소고기 양지는 키친타올로 꾹꾹 눌러
핏물을 제거하고 밑간 후 30분간 둔다.

2

무는 먹기 좋게 나박 썰고 대파는 송송
썬다.

3

뜨겁게 달군 냄비에 참기름 2큰술을 두
르고 **1**의 밑간해 둔 소고기를 달달 볶
는다.

4

고기 핏기가 사라지고 겉면이 하얗게
변하면 무를 넣고 3분간 볶다가 물과
다시마를 넣고 중불에서 끓인다.

5

물이 끓기 시작하면 다시마를 건져내고
약 20분간 푹 끓이고 다진 마늘과 국간
장을 넣은 후 10분간 더 끓인다.

6

대파와 후추를 넣어서 한소끔 더 끓이
고 소금으로 간을 한다.

고사리 나물

기본적인 나물을 만든다.

준비하기

삶은 고사리 200g	다시마 육수 5큰술
식용유 1큰술	깨소금 조금
국간장 1큰술	참기름 조금
다진 마늘 1작은술	소금 조금
다진 파 1큰술	
들기름 1큰술	
맛술 1큰술	

조리시간 20분

TIP

· 쓴맛 나는 고사리는 찬물에 반나절 정도 담가둔다.

1
고사리는 억센 부분을 제거하고 끓는 물에 맛술을 넣고 3분간 삶아서 비린 맛을 날린다.

2
삶아 낸 고사리를 찬물에 헹군다. 국간 장, 다진 마늘, 다진 파를 넣고 간이 배 게 10분간 둔다.

3
달군 팬에 들기름과 식용유를 두르고 2 의 고사리를 넣어서 달달 볶다가 다시 마 육수를 넣고 뚜껑을 덮어 3분간 익 힌다.

* 다시마 육수는 75쪽 참고

4
뚜껑을 열고 수분이 날아갈 때까지 볶 는다. 소금으로 간을 하고 참기름과 깨 소금으로 마무리한다.

조리시간 30분

도라지 나물

쓴맛 없이 맛있게 만든다.

준비하기

도라지 200g	소금 조금
물 5큰술	깨소금 조금
식용유 1큰술	참기름 조금
참기름 1큰술	
다진 파 1큰술	
다진 마늘 1작은술	
다시마 육수 1/2컵	

도라지 씻기

굵은 소금 1큰술

TIP

· 도라지에 설탕을 넣어서 20분간 방치하면 쓴맛을 확실히 뺄 수 있다. 무침 요리에는 설탕을 넣어서 쓴맛을 빼는 게 좋지만 나물 요리에 설탕을 넣으면 단맛이 날 수 있어서 소금을 이용해서 빼는 것이 좋다. 요리 하루 전에 물에 담가두면 쓴맛이 빠진다.

1 도라지는 먹기 좋은 크기로 찢은 후 굵은 소금을 넣고 바락바락 주무른다.

2 흐르는 물에 2~3번 헹군 후 찬물에 2시간 정도 담가 쓴맛을 제거한다.

3 달군 팬에 식용유를 두르고 도라지를 살짝 볶는다.

4 다시마 육수를 붓고 뚜껑을 덮은 뒤 중약불에서 3분간 익힌다.

* 다시마 육수는 75쪽 참고

5 뚜껑을 열고 수분이 날라 갈 때까지 볶는다. 소금, 다진 파, 다진 마늘을 넣고 약불에서 5분간 볶고 소금으로 간 하고 깨소금과 참기름을 넣어 마무리한다.

우리집 단골 밥상

남편은 육식파라서 고기를 항상 구비해놓는다. 김치냉장고에 넣어뒀던 김치가 맛있게 익었기에 김치 제육볶음을 만들었다. 김치 제육볶음은 제육볶음만 먹다가 살짝 질릴 때 자주 만들어 먹는다. 집에서 직접 만든 순두부와 짭조름한 메추리알 장조림까지 소박하게 한 상 차려 보았다.

· 김치 제육볶음 073쪽   · 순두부 074쪽   · 메추리알 장조림 075쪽

· 동치미   · 양배추 쌈   · 알배추

김치 제육볶음

제육볶음에 김치가 더해져서 감칠맛과 매콤함이 UP UP

준비하기

김치 1/6포기(300g)	식용유 1큰술
돼지고기 목살 300g	쪽파 조금
양파 1/2개	깨 조금
홍고추 1개	참기름 조금
대파 1/2대	
물 1/2컵	
참기름 1/2큰술	

양념

고추장 1큰술
고춧가루 2큰술
다진 마늘 1큰술
설탕 1큰술
매실액 1큰술
간장 2큰술
미림 2큰술
후추 조금

TIP

· 김치의 신맛이 강하면 설탕 양을 늘린다.
· 고기와 신 김치를 함께 볶으면 육질이 한층 더 부드러워지고 감칠
  맛이 올라가서 맛있다.

1

신 김치는 속을 털어내고 먹기 좋은 크기로 듬성듬성 썬다.

2

양파, 고추, 파는 송송 썬다.

3

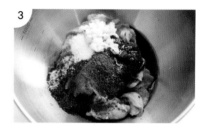

목살에 양념 재료를 넣고 간이 배게 약 30분간 재운다.

4

달군 팬에 식용유를 1큰술을 두르고 양파를 넣어서 볶는다. 양파가 투명해지기 시작하면 **3**의 양념한 돼지고기를 넣고 센 불에서 볶는다.

5

고기가 반 정도 익으면 중불로 줄이고 김치를 넣어서 볶는다. 김치 숨이 살짝 죽으면 물 1/2컵을 붓고 3분간 더 볶는다. ♨♨♨ ➡ ♨♨

6

파와 고추를 넣고 깨와 참기름과 쪽파를 넣어서 마무리한다.

순두부

첨가물과 간수 없이 간단하게 만든다.

조리시간 60분

준비하기
백태 300g
물 1과 1/2컵(300ml)

염촛물
물 1컵(200ml)
식초 2큰술
꽃소금 1큰술

TIP
· 백태는 실온에서 겨울에는 12시간, 여름에는 8시간 정도 불린다.
· 콩물은 차가운 물을 2~3번 부어가면서 끓여야 넘치지 않는다. 밑이 눌어 붙어 금방 타기 때문에 밑바닥까지 저어가면서 끓인다.
· 콩물에 염촛물을 너무 많이 넣으면 맛이 쓸 수 있으니 조금씩 넣으면서 응고되는 것을 확인한다.

1

백태 300g을 물에 불려 껍질을 벗긴다.

2

불린 콩은 곱게 갈아서 면보에 거른다.

3

2의 콩물을 큰 냄비에 옮기고 약불에서 10~15분간 천천히 저어가며 끓인다.

4

끓인 콩물에 염촛물을 붓고 젓는다.

5

몽글몽글해지면 불을 끄고 한 김 식힌다.

메추리알 장조림

만들어 두면 든든한 밑반찬

준비하기

메추리알 1판(28개)
꽈리고추 10개
마늘 3개
물엿 1큰술
후추 조금

조림장

다시마 육수 1과 1/2컵
간장 4큰술
맛술 1큰술
설탕 1큰술

TIP

· 꽈리고추에 구멍을 내면 양념이 안까지 잘 밴다.
· 꽈리고추의 숨이 살짝 죽으면 불을 끈다. 너무 오래 익히면 물러져서 맛이 없다.

1

물에 다시마 2조각을 넣고 30분간 불려 다시마 육수를 낸다.

2

끓는 물에 소금 1큰술을 넣고 약불에서 메추리알을 10분간 삶는다. 찬물에 넣어서 식힌 뒤 껍질을 벗긴다.

3

꽈리고추는 깨끗이 씻어 꼭지를 제거하고 포크나 이쑤시개로 콕콕 찍어 구멍을 낸다.

4

분량의 조림장 재료를 섞어 조림장을 만들고 마늘 3개를 넣어서 센 불에서 끓인다.

5

조림장이 끓기 시작하면 메추리알을 넣고 중불에서 조린다.

🔥🔥🔥 ➡ 🔥🔥🔥

6

조림장이 1/3정도 줄면 약불로 줄이고 물엿과 꽈리고추를 넣은 뒤 후추로 마무리한다. 🔥🔥🔥 ➡ 🔥🔥🔥

백반집 부럽지 않은 맛깔 나는 밥상

백반집에 가면 꼭 순두부찌개를 주문한다. 집에서 순두부찌개를 만들면 밖에서 먹던 맛을 내기가 어렵다. 이번에는 밖에서 사먹는 순두부찌개보다 훨씬 맛있게 만드는 방법과 소시지 채소 볶음, 애호박 새우젓 볶음을 만들어 보자.

· 소고기 순두부찌개 077쪽   · 소시지 채소 볶음 078쪽   · 애호박 새우젓 볶음 079쪽
· 소고기 약고추장 229쪽   · 총각김치   · 김

소고기 순두부찌개

소고기가 들어가서 감칠맛이 UP, MSG가 필요 없는 맛

준비하기

순두부 1팩(350g)	고춧가루 2큰술
소고기 40g	다진 마늘 1큰술
달걀 1개	간장 1큰술
애호박 1/4개	참치액 1큰술
양파 1/4개	물 1과 1/4컵
다진 파 2큰술	후추 조금
고추기름 2큰술	새우젓 조금

TIP

· 순두부는 체에 밭쳐 물기를 미리 제거해두면 찌개를 끓일 때 물이
  생기지 않아서 간이 싱거워지지 않는다.

1

양파와 애호박은 먹기 좋은 크기로 썰
고 대파는 다진다.

2

냄비에 고추기름을 두르고 다진 파와
소고기를 넣고 볶는다. 🔥🔥🔥

3

소고기가 반쯤 익으면 고춧가루를 넣고
2분간 볶는다.

4

물을 넣고 간장, 참치액, 다진 마늘을
넣어 센 불로 끓이다가 양파와 애호박
을 넣는다. 🔥🔥🔥 ➡ 🔥🔥🔥

5

국물이 끓어오르면 중불로 줄이고 순두
부를 넣는다. 🔥🔥🔥 ➡ 🔥🔥🔥

6

후추와 새우젓으로 간을 한다. 불을 끄
고 기호에 따라 달걀을 올린다.

소시지 채소 볶음

술안주로도 좋고 밥반찬으로도 좋은 반찬

조리시간 10분

준비하기	양념
소시지 10개	케첩 3큰술
노란 파프리카 1/2개	굴소스 1큰술
빨간 파프리카 1/2개	올리고당 2큰술
양파 1/2개	고추장 1/2큰술
식용유 조금	다진 마늘 1/2큰술
	후추 조금

1

분량의 양념 재료를 섞어서 양념을 만든다.

2

파프리카와 양파는 먹기 좋은 크기로 썬다.

3

소시지는 칼집을 내고 끓는 물을 부어 불순물을 뺀다.

4

달군 팬에 식용유를 두르고 중간불에서 소시지를 볶는다.

5

양파, 파프리카를 넣고 빠르게 볶는다.

6

1의 양념을 넣고 골고루 섞는다.

애호박 새우젓 볶음

초간단 밑반찬

준비하기

애호박 1개
양파 1/4개
다진 마늘 1큰술
새우젓 1큰술
들기름 2큰술
식용유 1큰술

1 애호박은 반달 썰고 양파는 채 썬다.

2 냄비에 들기름과 식용유를 두르고 마늘을 볶는다. 🔥🔥🔥

3 마늘향이 올라오면 호박과 양파를 넣어서 볶는다.

4 호박이 익으면 새우젓으로 간을 한다.

13일

디니의 밥상

소주와 잘 어울리는 안주 밥상

집에서 간단히 즐길 수 있는 대표 안주로 술상을 차렸다. 간단한 재료로 집에서 만들면 밖에서 사먹는 음식 가격의 1/3로 푸짐하게 즐길 수 있다.

· 바지락 술찜 081쪽　　　· 콘치즈 082쪽　　　· 닭똥집 볶음 083쪽

조리시간 20분

바지락 술찜

소주 안주로도 좋고 와인 안주로도 좋은 근사한 안주

준비하기

바지락 500g · 마늘 7개
페퍼론치노 5개 · 버터 1큰술
청양고추 1개
대파 1/2대
물 1/2컵(100ml)
소주 1/4컵(50ml)

TIP

· 넓은 볼에 바지락이 잠길 만큼 물을 붓고 굵은 소금 1큰술을 넣어
  서 검정 봉지로 덮어 1시간 이상 두면 해감이 된다.
· 바지락 술찜에 소주를 넣으면 비린 맛을 잡아준다. 소주가 없으면
  청주나 화이트 와인을 넣는다.

1
바지락은 해감해서 깨끗이 씻는다.

2
마늘은 편 썰고 대파는 송송 썬다.

3
팬에 버터를 녹이고 마늘과 페퍼론치노
를 넣어서 중불에서 달달 볶는다.

4
매운 향이 올라오면 1의 바지락을 넣어
살짝 볶는다.

5
소주와 물을 넣어 젓고 알코올이 날아
가면 뚜껑을 덮어 5분간 끓인다.

6
불을 끄고 대파와 고추를 올려 마무리
한다.

콘치즈

톡톡 터지는 옥수수콘과 진한 치즈의 조합

조리시간 15분

준비하기

옥수수콘 1캔(340g)
파프리카 1/2개
양파 1/4개
당근 1/5개
체더 치즈 1장
모짜렐라 치즈 한 줌
버터 1/2큰술
파슬리 가루 조금

소스

마요네즈 3큰술
설탕 1큰술
소금 한 꼬집
후춧가루 조금

TIP

· 가스레인지로 익힐 때는 뚜껑을 닫아서 약불에서 2분간 굽고, 전자
레인지를 이용할 때는 치즈가 녹을 정도인 2~3분간 돌린다.

1

옥수수콘은 체에 밭쳐 물기를 제거한다.

2

양파, 당근, 파프리카는 잘게 다진다.

3

1의 옥수수콘에 양파, 당근, 파프리카,
소스 재료를 넣어 버무린다.

4

팬에 버터를 녹이고 **3**의 버무린 옥수수
콘을 넣고 살짝 볶는다.

5

모짜렐라 치즈, 체더 치즈를 올리고 파
슬리 가루를 뿌려준 뒤 180도로 예열
한 오븐에서 약 8~10분간 굽는다.

닭똥집 볶음

고소하고 담백해서 맥주 안주나 소주 안주로 GOOD

준비하기

닭똥집 300g	소금 조금
양파 1/2개	후추 조금
마늘 8개	
청양고추 2개	
밀가루 2큰술	
소주 1/2컵	

TIP

· 닭똥집을 생으로 볶으면 물이 생기고 잡내가 나기 때문에 살짝 데
  쳐서 볶는 게 좋다.
· 닭똥집을 펼쳐서 세로 방향으로 길게 자르면 쫄깃한 식감을 느낄
  수 있다.

1 양파와 마늘은 먹기 좋은 크기로 썰고 고추는 송송 썬다.

2 닭똥집은 밀가루를 뿌려 바락바락 주무르고 흐르는 물에 여러 번 씻는다.

3 끓는 물에 소주를 넣고 **2**의 닭똥집을 5분간 데친다.

4 닭똥집을 먹기 좋은 크기로 썬다.

5 기름을 넉넉하게 두르고 중불에서 마늘을 넣어 볶다가 마늘이 익으면 닭똥집을 넣어서 볶는다.

6 양파와 고추를 넣어 볶고 소금, 후추로 간을 맞춘다.

14일

디니의 밥상

향과 식감을 살린 밥상

일본 여행에서 가마도상을 사온 이후로 솥 밥을 자주 해먹는데 솥 밥은 특별한 재료가 들어가지 않아도 특별한 한 끼를 즐길 수 있는 장점이 있다. 식감이 좋은 버섯을 듬뿍 넣어서 솥 밥을 만들고 함께 먹으면 맛있는 애호박 새우전과 바지락 시금치 된장국도 만들었다.

· 표고버섯 솥 밥 085쪽   · 바지락 시금치 된장국 086쪽   · 애호박 새우전 087쪽

표고버섯 솥밥

쫄깃한 식감과 향이 좋은 영양밥

준비하기	양념
표고버섯 8개	간장 3큰술
멥쌀 1과 1/2컵	고춧가루 1큰술
찹쌀 1/2컵	다진 파 2큰술
물 2컵	맛술 1큰술
	깨 1큰술
	참기름 1큰술

1

표고버섯은 채 썬다.

2

쌀을 깨끗하게 씻어 30분간 불린다.

3

냄비에 쌀과 버섯을 넣고 물을 붓는다.

4

중불로 10분간 끓이다가 김이 나면 2~3
분 뒤 불을 끄고 20분간 뜸을 들인다.

🔥🔥🔥 ➡ 🔥🔥🔥

5

양념을 만들어 밥과 곁들인다.

바지락 시금치 된장국

바지락 육수의 시원함과 감칠맛이 일품

조리시간 15분

준비하기

바지락 600g	국간장 1큰술
물 5컵	소금 조금
시금치 1/2단(100g)	
홍고추 1개	
대파 1/2대	
된장 2큰술	
다진 마늘 1큰술	

TIP

· 바지락 삶은 물은 버리지 말고 육수로 사용한다. 바지락을 건져내고 찌꺼기가 가라앉을 때까지 기다렸다가 윗물만 사용하면 맛이 깔끔하다.

바지락은 해감한 후 깨끗하게 헹군다.
냄비에 해감한 바지락을 넣고 물을 부어 끓이다가 바지락이 입을 벌리면 건져내고 불을 끈다

홍고추와 파는 송송 썬다.

바지락 육수에 된장을 푼다.

육수가 끓기 시작하면 시금치를 넣고 중불에서 한소끔 끓인다.

홍고추, 대파, 다진 마늘을 넣는다.

1의 삶은 바지락과 국간장을 넣고 소금으로 간한다.

애호박 새우전

술안주로도 좋고 밥반찬으로도 좋은 애호박 새우전

준비하기	새우 밑간
애호박 1개	맛술 1큰술
새우 살 100g	소금 조금
밀가루 4큰술	후추 조금
달걀 2개	
대파 1/2대	

TIP

· 밀가루를 뿌린 후 호박에 새우 살을 채우면 바닥에서 쉽게 떼어진다.

1

새우 살은 곱게 다져 소금, 후추, 맛술을 넣어 밑간한다.

2

애호박은 0.7cm 두께로 썰고 병뚜껑으로 가운데를 파낸다.

3

파와 **2**에서 파낸 호박 속 1/2은 잘게 다진다.

4

1의 새우 살과 **3**의 채소에 밀가루 2큰술을 넣고 섞는다.

5

2의 애호박에 밀가루를 골고루 묻히고 **4**의 반죽으로 속을 채운다.

6

밀가루와 달걀물을 입히고 앞뒤로 노릇하게 굽는다.

남녀노소에게 인기 많을 밥상

제일 좋아하는 짜장면을 만들었다. 만능 춘장만 있으면 쟁반 짜장, 짜장 볶음밥 등 다양한 요리에 응용이 가능하다. 만능 춘장으로 만든 짜장면에 새콤달콤한 유린기까지 특별식으로 차린 한 상이다.

해물 쟁반 짜장

만능 춘장으로 중국집 짜장면 맛을 내다.

준비하기

춘장 300g	굴소스 1/2컵
돼지고기 간 것 2컵	설탕 2/3컵
양배추 한 줌	간장 1/3컵
부추 한 줌	파 조금
다진 파 1컵	
다진 양파 3컵	
식용유 1컵	

TIP

· 식용유가 달궈지기 전에 파를 넣어야 파기름이 더 잘 우러난다.

· 만능 춘장은 수분을 완전히 날려야 장기간 보관이 가능하다.

· 만능 춘장 위에 떠있는 기름은 방부제 역할을 해서 상하지 않고 오래 보관할 수 있는 역할을 한다. 충분히 식혀 냉장고에 보관한다.

1 팬에 다진 파와 식용유 1컵을 넣고 파 기름을 낸다. 파가 노릇노릇 해지면 양 파와 돼지고기를 넣고 돼지고기가 뭉치 지 않게 잘 풀면서 수분이 날아갈 때까 지 볶는다.

2 설탕 2/3컵을 넣어서 수분이 날라 갈 때까지 볶다가 팬 가장자리를 따라 간 장 1/3컵을 두른다.

3 굴소스 1/2컵을 넣고 춘장을 넣은 후 중불로 줄여 위쪽에 기름층이 생길 때 까지 10분간 볶는다.

4 다른 팬에 만능 춘장의 기름을 둘러 다 진 파와 해물을 넣고 볶는다.

5 양배추를 넣어서 숨이 살짝 죽을 때까 지 볶다가 만능 춘장 1국자를 넣고 볶 는다.

6 칼국수 면을 넣고 골고루 볶고 부추를 넣고 섞는다.

유린기

아삭아삭한 채소와 상큼한 소스가 어우러진 맛

준비하기

닭다리 살 300g
달걀 1개
전분가루 10큰술
(옥수수 7 : 고구마 3)
양상추 4장
어린잎채소 한 줌
양파 1/2개
레몬 1/2개
식용유 3큰술

소스

대파 1/4대
청양고추 1개
홍고추 1개
마늘 1큰술
맛술 1큰술
간장 5큰술
식초 3큰술
설탕 3큰술
레몬즙 2큰술

참기름 조금
후추 조금

닭다리 살 밑간

간장 1큰술
청주 1큰술

조리시간 20분

TIP

· 닭고기를 건져서 열을 한 김 빼고 튀김 반죽이 노릇노릇 해질 때까지 다시 한 번 더 튀기면 식감이 더 바삭하다.

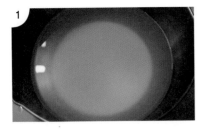

1 전분가루는 옥수수 7 : 고구마 3 비율로 섞어서 물에 2시간 불린다. 불린 앙금은 물만 따라낸 뒤 달걀흰자와 식용유 3큰술을 넣고 반죽을 만든다.

2 닭다리 살은 간장 1큰술, 청주 1큰술 후추를 뿌려 밑간해서 재운다.

3 대파와 고추는 송송 썰어서 소스 재료와 잘 섞는다.

4 양파는 얇게 채 썰어 물에 담가 매운 기를 제거한다.

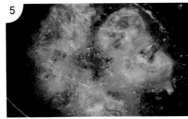

5 2의 닭다리 살에 1의 반죽을 묻혀 170도에서 튀긴다.

6 5 닭고기를 먹기 좋은 크기로 썬다. 어린잎채소, 고기, 양파, 썰어 둔 레몬 순으로 올리고 3의 소스를 끼얹는다.

조리시간 30분

코울슬로

아삭하고 상큼한 양배추 샐러드

준비하기	드레싱	절임
양배추 1/6개(200g)	마요네즈 5큰술	식초 1큰술
당근 1/5개(50g)	설탕 1과 1/2큰술	소금 1작은술
옥수수콘 1/2컵	레몬즙 1큰술	
	허니 머스터드 1작은술	
	소금 조금	
	후추 조금	

＋ 플러스 레시피

TIP

· 절이지 않고 무치면 처음에는 아삭거리지만 보관할 때 수분이 나와 싱거워지고 맛이 떨어지기 때문에 절임 과정이 필요하다.

· 물기를 꼭 짜줘야 나중에 질퍽거리지 않고 아삭한 식감이 나는 코 울슬로가 된다.

1 양배추와 당근을 얇게 채 썬다.

2 양배추에 절임 재료를 넣고 잘 버무려 준 뒤 30분간 절인다.

3 옥수수콘은 체에 밭쳐 국물을 뺀다.

4 드레싱 재료를 골고루 섞어 드레싱을 만든다.

5 2의 절인 양배추와 당근을 면보에 넣고 꼭 짠다.

6 5에 3의 옥수수콘, 4의 드레싱을 넣고 골고루 버무린다.

샤브샤브로 푸짐한 한 상

샤브샤브를 만들어 먹고 버섯이 너무 많이 남아서 냉동 만두와 얼큰한 양념을 넣어 버섯전골을 끓였다. 봄나물의 대명사 돌나물과 후다닥 만들 수 있는 숙주나물 무침까지 푸짐한 한 상을 차렸다.

· 만두 버섯전골 093쪽   · 숙주나물 무침 094쪽   · 돌나물 무침 095쪽
· 배추김치

만두 버섯전골

속 풀리게 얼큰하고 매운 전골

준비하기	양념
만두 2개	고춧가루 3큰술
새송이버섯 2개	고추장 1큰술
표고버섯 4개	국간장 2큰술
팽이버섯 반 봉지	참치액 1큰술
만가닥버섯 한 줌	다진 마늘 1큰술
대파 1/2대	맛술 1큰술
양파 1/2개	후추 조금
두부 1/2모	
멸치 육수 3과 1/2컵(700ml)	
쑥갓 조금	

1 양념 재료를 골고루 섞어서 양념을 준비한다.

2 멸치 육수 재료를 넣고 끓여 육수를 낸다. 북어 대가리를 넣고 우리면 감칠맛이 난다.

* 멸치 육수는 21쪽 참고

3 표고버섯 2개는 모양대로 썰고, 2개는 모양을 낸다. 팽이버섯과 만가닥버섯은 밑동을 제거해 찢고, 새송이버섯은 2등분 하고 모양대로 썬다.

4 두부는 먹기 좋은 크기로 썰고, 대파는 길쭉하게 썬다. 양파는 채 썰고 고추는 송송 썬다.

5 전골 냄비에 손질한 재료를 돌려 담고 만두와 쑥갓을 올린다.

6 1의 양념을 올리고 2의 육수를 부어 중간불로 끓인다.

숙주나물 무침

데치는 시간만 지키면 아삭아삭 맛있는 숙주나물

조리시간 10분

준비하기

숙주나물 50g
쪽파 3대
국간장 1큰술
다진 마늘 1/2큰술
소금 조금
참기름 2큰술
깨 조금

TIP

· 숙주는 굵기가 굵고 싱싱하며 흰 광택이 있고 뿌리가 투명한 것이
  좋다. 2분 30초간 데치면 적당히 아삭하고 맛있다.

1

쪽파를 송송 썬다.

2

끓는 물에 소금 1/2큰술을 넣고 숙주
를 2분 30초간 데친다.

3

데친 숙주는 찬물에 헹군 후 물기를 꼭
짜서 볼에 담는다.

4

쪽파, 국간장, 다진 마늘, 소금을 넣고
조물조물 무친다.

5

참기름과 깨로 마무리한다.

돌나물 무침

입맛 돋우는 봄나물 요리

준비하기

돌나물 100g

양념

고춧가루 1큰술

고추장 1큰술

식초 1큰술

매실청 1큰술

설탕 1/2큰술

다진 마늘 1/2큰술

깨 조금

TIP

· 돌나물은 지역에 따라 돈나물이라고도 불린다. 비타민 C와 칼슘이 풍부하고 에스트로겐이 많이 함유되어 있어서 성장기 아이들과 노약자들이 먹기에 좋은 나물이다.

· 돌나물은 생으로 무치기 때문에 먹을 만큼만 무치는 게 좋다.

1

돌나물은 찬물에서 3~4번 정도 가볍게 씻어 체에 밭쳐 물기를 뺀다.

2

양념 재료를 골고루 섞어서 양념을 준비한다.

3

물기를 뺀 돌나물에 2의 양념을 넣어서 살살 버무린다.

건강한 나물로 차린 웰빙 밥상

주말에 먹을 게 없나 뒤적거리다가 건 곤드레 나물 한 봉지를 발견했다. 곤드레 나물은 예전에 보릿고개를 넘길 때 먹었던 음식이지만 요즘에는 웰빙 나물로 자리 잡은 별미이다. 특히 향이 좋아서 솥 밥으로 해먹으면 정말 맛있다. 곤드레 나물과 잘 어울리는 달래 양념장과 참치전으로 건강에 좋은 웰빙 밥상을 차렸다.

· 곤드레 나물밥 097쪽 · 달래 된장찌개 098쪽 · 참치전 099쪽
· 달래 양념장 100쪽 ➕ 봄동 겉절이 101쪽 · 창난젓, 김

곤드레 나물밥

별미 웰빙 한 그릇 요리

준비하기

건 곤드레 25g	찹쌀 1과 1/2컵
멥쌀 1과 1/2컵	물 2컵

곤드레 밑간

들기름 2큰술
국간장 1큰술

TIP

· 곤드레는 식물성 단백질이 풍부하고 특유의 풍미와 다양한 효능을 가지고 있다. 전체적으로 고르게 녹갈색을 띄고 있고 특유의 구수한 냄새가 나는 게 좋다.

· 곤드레를 불리는 시간에 따라서 삶는 시간을 달리 조절하면 되는데 곤드레의 줄기를 눌렀을 때 눌려지거나 끊어지면 딱 먹기 좋은 상태이다. 만져보고 지나치게 억센 줄기는 제거하고 부드러운 곤드레 나물만 사용해야 식감이 좋다.

· 냄비로 밥을 지을 때는 뚜껑을 열고 센 불에서 바글바글 끓이다가 밥물이 끓어오르면 골고루 섞은 뒤 곤드레 나물을 올리고 뚜껑을 닫아 중불에서 5분, 약불에서 10분간 더 끓이고 불을 끈 후 10분간 뜸을 들이면 된다.

1

건 곤드레는 찬물에 4시간에서 반나절 정도 불린다.

2

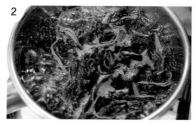

끓는 물에 불린 곤드레를 넣고 30분간 끓인다.

3

삶은 곤드레는 찬물에 2~3번 가볍게 헹구고 물기를 꼭 짠다. 2~3cm 먹기 좋은 크기로 썰고 밑간 재료를 넣어 무친다.

4

멥쌀과 찹쌀을 섞은 뒤 깨끗하게 씻는다. 30분간 불린 뒤 체에 밭쳐 물기를 뺀다.

5

불린 쌀 위에 **3**의 곤드레 나물을 올리고 물을 붓는다.

6

중불로 10분간 끓이다가 김이 나면 2~3분 뒤 불을 끄고 20분간 뜸을 들인다.

달래 된장찌개

향긋향긋 봄의 향기가 물씬 난다.

준비하기

달래 한 줌(40g) 애호박 1/4개 고춧가루 1큰술
멸치 육수 2와 1/2컵 청양고추 1개 다진 마늘 1/2큰술
(500ml) 양파 1/4개
두부 1/2모 대파 1/2대
감자 1/2개 된장 2큰술

TIP

· 된장찌개에 들어가는 재료는 냉장고에 있는 재료를 활용한다. 팽이버섯이나 표고버섯을 넣어도 맛있고 바지락을 넣으면 감칠맛이 좋다.
· 된장이 너무 짜면 설탕을 1작은술 정도 넣는다. 설탕을 넣으면 짠맛도 중화되고 맛이 살아난다.
· 달래에서 매운 향이 나기 때문에 마늘은 조금만 넣는 것이 좋다.
· 달래는 향이 날아갈 수 있어서 제일 마지막에 넣는 것이 좋다.

조리시간 15분

1
달래를 깨끗하게 손질하고 5cm 정도 큼직한 길이로 썬다.

*달래 손질법은 100쪽의 **1**을 참고

2
양파, 고추, 대파, 호박, 감자, 두부를 먹기 좋은 크기로 썬다.

3
멸치 육수를 붓고 센 불에서 끓인다. 끓어오르기 시작하면 된장 2큰술을 푼다.

*멸치 육수는 21쪽 참고

4
된장이 바글바글 끓어오르면 중불로 낮추고 호박, 양파, 감자를 넣는다.

🔥🔥🔥 ➡ 🔥🔥🔥

5
채소가 반쯤 익으면 두부, 고춧가루, 대파, 다진 마늘을 넣는다.

6
달래를 올리고 불을 끈다.

참치전

냉장고 자투리 채소로 만드는 근사한 전 요리

준비하기

참치 통조림 1개	소금 조금
달걀 1개	후추 조금
부침가루 1큰술	식용유 적당히
대파 1/2대	
양파 1/4개	
당근 1/4개	

1

참치는 체에 밭쳐 기름을 뺀다.

2

양파, 당근, 파를 잘게 다진다.

3

볼에 **1**의 기름을 뺀 참치와 **2**의 다진 채소를 넣고 달걀과 부침가루를 넣어 섞는다.

4

식용유를 넉넉히 두른 팬에 **3**의 참치 반죽을 적당량씩 펴서 올리고 중불에서 앞뒤로 노릇하게 부친다.

달래 양념장

봄의 향긋함이 물씬 느껴지는 양념장

조리시간 10분

준비하기	양념
달래 반 줌(40g)	간장 4큰술
	맛술 2큰술
	고춧가루 1큰술
	참기름 1큰술
	깨 1큰술

TIP

· 달래는 알뿌리가 굵을수록 싱싱하다. 너무 커도 맛이 없으니 적당
한 크기가 좋고 줄기가 마르지 않은 것으로 고르면 된다.
· 먹기 직전에 바로 버무려 먹는 게 좋다.

1

깨끗이 씻은 달래는 알뿌리 겉껍질을
벗기고 뿌리 위쪽에 있는 흙을 손톱이
나 칼로 제거한다.

2

알뿌리 부분을 칼 옆면으로 눌러서 살
짝 으깬다.

3

달래를 1cm 길이로 썬다.

4

양념 재료에 달래를 넣고 버무려 참기
름과 깨로 마무리한다.

봄동 겉절이

감칠맛 나면서 고소한 봄동 요리

준비하기	양념장
봄동 300g	고춧가루 3큰술
쪽파 5대	멸치 액젓 3큰술
참기름 조금	다진 마늘 1큰술
깨 조금	설탕 1/2큰술
	매실청 1큰술
	참기름 조금
	깨 조금

＋ 플러스 레시피

TIP

· 겉잎은 버리지 말고 국을 끓일 때 사용하면 좋다.
· 봄동의 결을 살려 세로로 찢으면 식감이 부드럽다.

1

봄동은 벌어진 잎을 모아서 밑동을 잘라내고 한 잎씩 떼어내 물에 씻어 체에 밭친다.

2

잎이 큰 것은 반으로 자른다.

3

쪽파의 흰 부분은 다지고 파란 부분은 5cm 길이로 썬다.

4

분량의 양념 재료에 쪽파 흰 부분을 넣고 골고루 섞어 양념장을 만든다.

5

볼에 봄동, 쪽파의 파란 부분을 담고 양념장을 넣어서 가볍게 버무린다.

6

참기름과 깨로 마무리한다.

색다르게 즐기는 카레 한 상

요즘 일본식 카레 많이들 먹죠? 카레에 생크림과 새우를 넣어서 부드러운 에비카레로 색다르게 만들었다. 카레만 먹으면 심심하니까 휘리릭 끓여먹을 수 있는 미소장국과 별미로 만들어 먹기 좋은 아게다시도후까지 한 끼 근사하게 차렸다.

· 새우 크림카레 103쪽   · 미소장국 104쪽   · 아게다시도후 105쪽
· 방울토마토

조리시간 40분

새우 크림카레

생크림이 들어가서 부드러운 맛이 일품인 에비카레

준비하기	새우 밑간
고형 카레 4조각(80g)	맛술 1큰술
새우 12마리	소금 조금
양파 2개	후추 조금
버터 1큰술	
물 2컵	
우유 1컵	
생크림 1컵	
액상 치킨스톡 1큰술	
다진 마늘 1큰술	
올리브유 1큰술	

1

새우는 밑간 재료를 넣어 밑간한다.

2

양파는 얇게 채 썬다. 달군 팬에 버터를 녹이고 약불에서 양파를 볶는다. 갈색이 될 때까지 카라멜 라이즈 한다.

3

물 2컵에 치킨스톡을 넣고 끓으면 고체 카레를 넣어 잘 푼다.

4

생크림과 우유를 넣고 잘 젓는다.

5

달군 팬에 올리브유를 두른다. 마늘과 새우를 넣고 겉이 하얗게 될 때까지 중불에서 살짝 볶는다.

6

4의 카레에 **5**의 새우를 넣고 한소끔 끓인 뒤 불을 끈다.

미소장국

김밥과 환상의 조합을 자랑하는 유부 된장국

조리시간 10분

준비하기

미소된장 2큰술
냉동 유부 5장
두부 1/2모
쪽파 3대
멸치 육수 3컵
국간장 1/2큰술
소금 조금

TIP

· 미소장국은 오래 끓이면 떫은 맛이 날 수도 있으니 조리시간을 짧게 한다.

1
유부는 세로로 썰고 쪽파는 송송 썬다. 두부는 먹기 좋은 크기로 작게 자른다.

2
육수가 끓어오르면 체에 밭쳐 미소된장을 풀어 넣는다.

*멸치 육수는 21쪽 참고

3
한소끔 끓으면 두부와 유부를 넣는다.

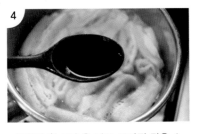

4
국간장 한 큰술을 넣고 모자란 간은 소금으로 한다.

5
쪽파를 넣고 불을 끈다.

아게다시도후

겉은 바삭하고 속은 부들부들한 일본식 두부 튀김

준비하기

두부 1모
전분가루 1/2컵
무 갈은 것 2큰술
쪽파 2대
가쓰오부시 조금
식용유 조금
양념 1큰술
(쯔유 1 : 물 2)

TIP

· 쯔유가 없을 경우 다시마(10cm × 10cm)와 물 1컵을 넣고 끓인다. 물이 끓기 시작하면 다시마를 건져내고 가쓰오부시 한 줌을 넣어서 3분간 둔다. 체로 걸러 맛술 3큰술, 간장 2큰술, 설탕 1작은술을 넣어 한소끔 끓인다.

· 아게다시도후는 기호에 따라 와사비를 곁들여 먹어도 맛있다.

1
두부는 4등분으로 자른다. 키친타올에 올려 물기를 제거한다.

2
무는 강판에 갈아준 뒤 물기를 짜서 준비한다.

3
쪽파는 송송 썬다.

4
쯔유와 물을 1 : 2 비율로 섞는다.

5
두부의 모든 면에 전분가루를 골고루 묻힌다. 약 170도의 기름에 두부를 넣고 겉이 하얗게 될 때까지 튀긴다.

6
접시에 튀긴 두부를 담고, 무 갈은 것, 가쓰오부시, 쪽파를 올린다. **4**의 소스를 붓는다.

오징어를 품은 최애 밥상

제일 좋아하는 해산물은 바로 오징어다. 오징어는 타우린이 듬뿍 들어있어서 피로회복에도 좋고 쫄깃한 식감 때문에 국, 탕, 찌개 모두 잘 어울린다. 특히 볶음으로 만들어 먹으면 밥도둑이 따로 없을 정도. 매콤하게 볶아낸 오징어 볶음과 매운맛을 달래줄 어묵국 그리고 귀여운 하트전으로 밥상을 차렸다.

· 오징어 볶음 107쪽   · 어묵국 108쪽   · 하트 맛살전 109쪽

· 숙주나물 무침 094쪽   · 총각김치

오징어 볶음

쫄깃쫄깃 손이 자꾸가는 매콤한 볶음 요리

준비하기	양념	오징어 손질
오징어 2마리	고춧가루 3큰술	굵은 소금 1큰술
양배추 3장(100g)	고추장 2큰술	
당근 1/4개	간장 2큰술	
대파 1/2대	올리고당 2큰술	
양파 1/2개	다진 마늘 1과 1/2큰술	
새송이버섯 1개	매실청 1큰술	
홍고추 1/2개	맛술 2큰술	
참기름 1/2큰술		
깨 조금		
식용유 조금		

TIP

· 오징어는 오래 볶으면 질겨지고 물이 생길 수 있으니 빨리 볶아 낸다.

1 내장, 뼈, 눈, 이빨을 제거한 오징어는 굵은 소금으로 문질러 빨판의 이물질을 제거한다. 몸통 안쪽에 격자 무늬로 칼집을 넣어 먹기 좋은 크기로 썬다.

2 새송이버섯은 2등분 하여 모양대로, 대파와 홍고추는 어슷하게, 당근, 양파, 양배추는 굵게 채 썬다.

3 양념 재료를 골고루 섞어서 양념을 준비한다.

4 센 불로 달군 팬에 식용유를 두르고 당근, 양파, 양배추를 넣고 1분간 볶는다.

5 오징어, 새송이버섯, **3**의 양념을 넣어 1분간 볶는다.

6 대파, 홍고추를 넣고 3분간 더 볶고 기호에 따라 참기름과 깨를 추가한다.

어묵국

아이들도 먹기 좋은 간단한 국

준비하기

어묵 200g
무 150g
멸치 육수 7과 1/2컵(1.5L)
대파 1/2대
국간장 2큰술
맛술 1큰술
다진 마늘 1큰술
소금 조금
후추 조금

TIP

· 칼칼한 맛을 원하면 청양고추를 넣는다.

조리시간 20분

1

어묵은 먹기 좋은 크기로 썬다.

2

무는 나박 썰고 대파는 송송 썬다.

3

멸치 육수가 끓어오르면 무와 국간장을
넣고 센 불로 끓인다.

*멸치 육수는 21쪽 참고

4

무가 반쯤 익으면 중불로 줄이고 어묵,
맛술, 다진 마늘을 넣는다.

🔥🔥🔥 ➡ 🔥🔥🔥

5

한소끔 끓어오르면 대파를 넣고 후추와
소금으로 간을 한다.

하트 맛살전

사랑이 뿜뿜 하트 맛살전

준비하기

맛살 6개
달걀 2개
다진 당근 2큰술
다진 파 2큰술
소금 조금
식용유 넉넉히

TIP

· 이쑤시개를 꽂을 때 중간 부분만 찌르지 말고 밖에서부터 전체적으로 찔러서 고정해야 구웠을 때 풀리는 일이 없다.
· 하트 모양 맛살의 빨간색 부분을 먼저 위로 보이게 두고 부치면 완성했을 때 예쁘다.

1 맛살은 2등분으로 길게 자른 뒤 붉은 쪽이 위로 보이게 놓고 손가락으로 양 끝을 잡아 중앙으로 구부려서 이쑤시개로 고정시킨다.

2 당근과 파는 잘게 다진다.

3 볼에 **2**의 채소와 달걀을 넣고 소금 간을 해서 섞는다.

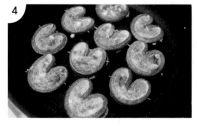

4 달군 팬에 식용유를 두르고 하트 안쪽의 2/3를 **3**의 달걀물로 채운다.

5 약불에서 앞뒤로 노릇하게 굽는다.

친정엄마 손맛 따라잡기 밥상

제일 좋아하는 음식인 코다리 조림. 친정을 갈 때마다 엄마가 만들어 주신다. 친정엄마표 코다리 조림과 100% 똑같은 맛은 아니지만 매콤하게 조려서 한 끼 맛있게 해결할 수 있다. 코다리 조림이 맵기 때문에 자극적이지 않은 감자국과 청포묵 무침을 곁들였다.

· 코다리 조림 111쪽 　　　· 감자국 112쪽 　　　· 청포묵 무침 113쪽

조리시간 30분

코다리 조림

쫄깃하고 쫀득한 생선 조림

준비하기	양념
코다리 2마리	고춧가루 4큰술
무 300g	고추장 1큰술
대파 1/2대	간장 4큰술
양파 1/2개	올리고당 2큰술
멸치 육수 1과 1/2컵	다진 마늘 2큰술
	다진 생강 1작은술
	맛술 2큰술
	후추 조금

TIP

· 코다리는 손질이 아주 중요하다. 내장이 들어있던 배 쪽 검은 막과
뼈를 잘 씻어주면 잡내와 쓴맛을 제거할 수 있다.

1 코다리는 지느러미와 꼬리를 잘라내고 3~4등분으로 자른다. 흐르는 물에 두 어번 헹궈 물기를 뺀다.

2 양파는 채 썰고 무는 1cm 두께로 썰고 대파는 어슷하게 썬다.

3 분량의 양념 재료를 골고루 섞어 양념 을 만든다.

4 팬에 무를 깔고 멸치 육수를 부은 후 센 불에서 무를 익힌다.

*멸치 육수는 21쪽 참고

5 무가 반쯤 익으면 **1**의 코다리와 양파, **3**의 양념을 올리고 5분간 끓인다.

6 중약불로 줄이고 국물을 끼얹어가며 15분간 조린다. 대파를 올리고 국물이 1/2정도 줄면 불을 끈다.

🔥🔥🔥 ➡ 🔥🔥

감자국

부담 없이 먹기 좋은 담백한 감자국

조리시간 15분

준비하기

감자 2개(중간 크기)
멸치 육수 5컵
양파 1/4개
대파 1/2대
다진 마늘 1/2큰술
국간장 1큰술
소금 조금

TIP

· 중간중간 거품을 걷어내면 국물이 훨씬 깔끔하다.

1 감자는 4등분 한 후 나박 썬다. 양파는 먹기 좋은 크기로 썰고 대파는 송송 썬다.

2 냄비에 육수를 붓고 감자를 넣어서 센 불로 끓인다.

*멸치 육수는 21쪽 참고

3 육수가 끓어오르면 양파와 다진 마늘을 넣는다.

4 국간장과 소금으로 간을 맞춘다.

5 대파를 넣고 한소끔 끓인 뒤 불을 끈다.

청포묵 무침

탱글탱글 식감이 좋은 밑반찬

준비하기

청포묵 300g
쪽파 2대
조미김 5장
국간장 1큰술
참기름 1/2큰술
소금 조금
깨 조금

TIP

· 청포묵은 너무 오래 데치면 으깨지기 때문에 1분 내로 표면이 투명
해질 정도로만 데친다.

1

청포묵은 0.5~1cm 정도의 굵기로 채
썬다.

2

청포묵은 끓는 물에 1분간 데치고 체에
밭쳐 한 김 식힌다.

3

쪽파는 송송 썬다.

4

조미김은 비닐봉지에 넣어서 잘게 부
순다.

5

청포묵을 볼에 담고, 조미김, 국간장을
넣고 가볍게 무친다.

6

모자란 간은 소금으로 하고 깨와 참기
름으로 마무리한다.

남편 생일 밥상

남편의 생일인 만큼 평소에 남편이 좋아하는 음식들로 남편 생일상을 차린 다. 여러 가지 음식을 한 번에 만들어야 하니 힘들지 않고 만들기 쉬운 메 뉴들로 구성했다. 맛있게 먹어주는 남편을 보니 피곤이 싹 사라지고 세상 뿌듯하다.

- 간장 돼지고기 등갈비찜 115쪽
- 가자미 구이 118쪽
- 고추 장아찌 228쪽
- 콩나물 냉채 116쪽
- 봄동 겉절이 101쪽
- ➕ 새우 베이컨 말이 119쪽
- 오징어 채소 말이 117쪽
- 소고기 미역국
- 시금치 무침, 배추김치

조리시간 60분

간장 돼지고기 등갈비찜

하나씩 뜯는 재미가 있는 갈비 요리

준비하기

등갈비 600g
감자 2개
당근 1/2개
표고버섯 2개
물 3과 1/2컵

갈비 초벌 삶기

통후추 1큰술
청주 1/4컵
월계수잎 4장

양념

간장 5큰술
굴소스 1큰술
맛술 2큰술
양파 1/2개
배 1/4개
매실액 1큰술
다진 마늘 2큰술
생강가루 1작은술

설탕 1큰술
올리고당 1큰술
참기름 조금
후추 조금
설탕 1큰술
올리고당 1큰술
참기름 약간
후춧가루 약간

TIP

· 냉동 갈비는 최소 4시간, 생갈비는 30분 정도 물에 담가 주면 핏물
이 말끔하게 빠진다.

1

끓는 물에 핏물을 뺀 등갈비와 초벌 재료를 넣고 5분간 데친다. 흐르는 물에 데친 등갈비를 씻고 칼집을 낸다.

2

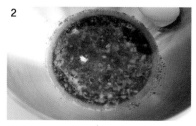

양파와 배는 갈아서 면보에 걸러 다른 양념 재료와 섞는다.

3

등갈비에 **2**의 양념 반을 넣고 버무려 냉장고에서 30분~1시간 정도 숙성시킨다.

4

감자, 당근, 표고버섯을 먹기 좋은 크기로 썬다.

5

3의 등갈비를 넣고 물을 부어 뚜껑을 연 채 센 불에서 10분, 뚜껑을 닫고 중약불에서 20분간 끓인다.

🔥🔥🔥 ➡ 🔥🔥🔥

6

감자, 당근과 **2**의 남은 양념을 모두 넣고 10분간 끓인다. 표고버섯과 올리고당을 넣고 약불에서 5분 더 조린다.

🔥🔥🔥 ➡ 🔥🔥🔥

콩나물 냉채

톡 쏘는 맛과 아삭함이 좋은 냉채 요리

조리시간 15분

준비하기

콩나물 200g
맛살 2줄
오이 1개
양파 1/2개
검은 깨 조금

양념

연겨자 1과 1/2큰술　　설탕 2큰술
식초 4큰술　　　　　　맛술 2큰술
다진 마늘 1큰술　　　　소금 1/2큰술
매실청 1큰술

TIP

· 콩나물은 자칫 비린내가 날 수 있기 때문에 처음부터 뚜껑을 열고 데치거나 뚜껑을 닫은 후 김이 날 때까지 절대 열면 안 된다.

· 콩나물에 물기가 남아있으면 나중에 물이 생기고 소스가 콩나물에 잘 안 배어들 수 있으니 물기를 최대한 빼주는 것이 좋다.

· 재료와 소스는 냉장고에 넣어서 시원하게 보관했다가 먹으면 더 맛있다. 미리 무치면 채소에서 수분이 빠져서 양념 맛이 없어지니 먹기 직전에 버무린다.

1 콩나물은 끓는 물에 데친 뒤 찬물에 담가 열기를 식힌다. 탈탈 털어서 체에 밭쳐 물기를 최대한 제거한다.

2 양념 재료를 골고루 섞어서 양념을 준비한다.

3 맛살은 손으로 찢는다.

4 오이는 2등분 하여 돌려 깎은 뒤 5cm 길이로 얇게 채 썬다.

5 양파는 얇게 썰어서 차가운 물에 10분간 담가 아린 맛을 뺀다.

6 볼에 맛살, 오이, 양파, 콩나물을 담고 **2**의 양념을 넣어 버무린다.

오징어 채소 말이

알록달록 손님 초대 요리로 강추

준비하기

오징어 2마리(대)	새싹채소 1/2팩
빨간 파프리카 1/2개	굵은 소금 1큰술
노랑 파프리카 1/2개	
오이 1/2개	
깻잎 4장	

TIP

· 오징어의 껍질은 굵은 소금이나 마른 키친타올을 이용하면 말끔하게 제거할 수 있다. 오징어 몸통의 끝부분을 자른 후 키친타올로 모서리 끝부분 껍질을 잡고 위로 쭉 들어 올리면 껍질이 한 번에 벗겨진다.

· 오징어는 껍질 방향이 아닌 연골쪽 껍데기 반대쪽에 칼집을 내줘야 나중에 돌돌 말리지 않는다.

1

오징어는 내장, 뼈, 이빨, 눈, 껍질을 제거한다. 귀 부분과 다리를 자르고 몸통에 격자 무늬 칼집을 낸다.

2

칼집을 넣은 쪽을 바깥으로 놓고 밑 부위에서 머리 방향으로 돌돌 말아서 꼬치를 끼워 고정시킨다.

3

끓는 물에 굵은 소금을 넣고 오징어 몸통과 다리를 40초간 데친다. 데친 오징어는 꼬치를 빼지 않고 찬물에 씻어 그대로 식힌다.

4

오이, 파프리카는 오징어 가로 길이에 맞춰서 적당한 두께로 채 썬다.

5

오징어 위에 깻잎을 두 장 깔고 파프리카, 오이, 오징어 다리, 새싹을 올리고 김밥을 말듯 단단하게 만다.

6

먹기 좋은 크기로 썬다.

가자미 구이

겉은 바삭 속은 촉촉한 카레 가자미 구이

준비하기
가자미 2마리
밀가루 1/2컵
카레 가루 1큰술
식용유 넉넉히

가자미 밑간
맛술 2큰술
소금 조금

조리시간 10분

TIP

· 가자미는 모래바닥에 붙어 사는 생선으로, 10월부터 12월이 제철
  이다. 가자미는 넙치와 생김새가 비슷하지만 넙치는 눈이 왼쪽으로
  몰려있는 반면 가자미는 오른쪽으로 몰려있으니 눈 위치를 보고 구
  분하면 된다.
· 가자미는 은근 속살이 두껍기 때문에 칼집을 넣어야 속까지 골고루
  익는다. 앞면은 열십자, 뒷면은 세 번 칼집을 냈다.
· 체를 이용해서 가루를 뿌리면 빠진데 없이 전체적으로 골고루 밀가
  루가 입혀진다.

1 가자미는 칼등으로 긁어서 비늘을 벗기
고 물에 가볍게 씻어 키친타올로 물기
를 제거한다.

2 손질된 가자미는 앞뒤로 칼집을 낸다.

3 소금과 맛술로 밑간한 후 15분간 재
운다.

4 밀가루와 카레를 섞은 뒤 가자미에 묻
힌다.

5 팬을 달군 뒤 식용유를 두르고 가자미
등 쪽을 아래로 향하게 해서 중약불에
서 굽는다.

6 생선이 놓인 바닥면의 생선살이 흰색으
로 변하고 뼈 부분까지 익기 시작하면
뒤집는다. 기름을 한 번 더 넉넉하게 두
르고 반대편 속살도 흰색으로 변할 때
까지 익힌다.

새우 베이컨 말이

간단한 홈파티 음식

준비하기	드레싱
베이컨 9장	올리브유 2큰술
새우 9마리	레몬즙 3큰술
오이 1/2개	꿀 2큰술
소금 조금	소금 조금
후추 조금	후추 조금

플러스 레시피

TIP
· 베이컨 마지막 부분이 밑쪽으로 가게 놓아야 고정이 된다.

1

새우는 소금, 후추로 밑간한다.

2

오이는 감자 칼로 얇게 슬라이스하고 소금물에 30분간 절여서 수분을 뺀다.

3

베이컨 6장은 그대로 두고 나머지 3장만 반으로 자른다. 베이컨에 새우를 올리고 돌돌 만다.

4

180도로 예열한 오븐에 15분간 굽는다.

5

2등분으로 자른 베이컨으로 말았던 새우에 오이를 돌돌 만다.

6

분량의 드레싱 재료를 골고루 섞어 드레싱을 만들어 곁들인다.

간단하게 한 끼 때울 수 있는 밥상

겨울에 친정에서 받아온 김장 김치가 맛있게 익었다. 김치로는 찌개, 탕, 볶음 등 여러 가지 요리를 만들 수 있는데 김치와 밥을 넣고 볶아 만든 김치볶음밥은 누구나 쉽게 만들고 맛도 좋아서 자주 만들어 먹는다. 마침 집에 통조림 햄이 있어서 김치볶음밥을 만들어 먹었는데 정말 꿀맛이다. 어른이 입맛 남편을 위해 돈가스도 '굽굽'해서 간단하게 한 끼 차렸다.

· 김치볶음밥 121쪽   · 달걀국 122쪽   · 돈가스
· 채소 샐러드   ➕ 과일 사라다 123쪽

조리시간 15분

김치볶음밥

신 김치와 찬밥을 처리하기 좋은 요리

준비하기

찬밥 1과 1/2공기	달걀 2개
신 김치 1컵(200g)	식용유 3큰술
김칫국물 5큰술	참기름 조금
통조림 햄 1개	
대파 1/2대	
고춧가루 1큰술	
설탕 1큰술	
간장 1큰술	

TIP

· 간장을 끓여서 볶으면 불향이 나고 풍미가 좋다.

1 신 김치에 설탕을 넣고 섞는다.

2 통조림 햄은 작게 깍둑 썰고 대파는 송송 썬다.

3 달군 팬에 식용유를 두른 뒤 중불에서 대파를 볶아 파기름을 내고 통조림 햄을 함께 볶는다.

4 햄의 겉면이 노릇해지면 **1**의 김치와 고춧가루를 넣어서 볶는다.

5 김치가 반쯤 익어 나른해지면 약불로 줄인다. 재료를 한 쪽으로 밀고 간장을 넣어서 끓인 후 재료와 함께 볶는다.

6 찬밥을 넣고 골고루 볶아준 뒤 참기름으로 마무리한다. 달걀프라이를 곁들인다.

◐ ◐ ◐ ➔ ◐ ◐ ◐

달걀국

달걀 하나로 휘리릭 끓이는 간단한 국

조리시간 10분

준비하기

달걀 3개
멸치 육수 5컵
양파 1/4개
대파 1/2대
국간장 1큰술
소금 조금
후추 조금

TIP

· 달걀을 넣고 바로 저으면 달걀이 퍼져서 국물이 탁해지기 때문에
10초 뒤에 살짝만 젓는다.

1

멸치 육수를 부어 끓인다.

*멸치 육수는 21쪽 참고

2

양파는 채 썰고 대파는 송송 썬다.

3

달걀은 부드럽게 푼다.

4

육수가 끓으면 중불에서 국간장과 양파
를 넣는다.

5

양파가 반쯤 익으면 달걀을 둘러가며
붓는다.

6

대파와 후추를 넣고 1분간 더 끓이고
부족한 간은 소금으로 한다.

조리시간 15분

+ 플러스 레시피

과일 사라다

어릴 적 먹었던 추억의 맛

준비하기

사과 1개	맛살 2줄
감 1개	볶은 땅콩 한 줌
귤 2개	마요네즈 6~7큰술
오이 1/2개	꿀 1큰술
메추리알 1판	

메추리알 삶기

소금 1/2큰술
식초 1큰술

TIP

· 소금과 식초를 넣으면 삶을 때 터지지 않고 나중에 껍질을 쉽게 벗겨낼 수 있다. 삶는 동안 한 방향으로 저어주면 노른자가 가운데로 예쁘게 자리를 잡아서 나중에 껍질을 깔 때 모양이 깔끔하다. 찬물에 바로 넣어서 완전히 식히고 밀폐용기에 담아서 흔들어서 껍질을 깐다.

· 과일 사라다에 볶은 땅콩이 들어가면 씹을 때마다 고소한 맛이 나서 훨씬 맛이 좋다. 볶은 땅콩대신 건포도, 크렌베리, 햄, 옥수수콘 등 입맛에 맞게 재료를 추가한다.

1

냄비에 메추리알이 잠길 만큼 물을 붓고 소금과 식초를 넣어 5분 정도 삶은 뒤 껍질을 깐다.

2

사과, 감, 귤, 오이, 맛살을 먹기 좋은 크기로 자른다.

3

마른 팬에 땅콩을 볶아서 준비한다.

4

볼에 **1**, **2**, **3**의 재료를 넣는다. 마요네즈와 꿀을 넣어서 재료가 잘 섞이도록 골고루 버무린다.

밥 한 그릇 뚝딱 밥상

주머니가 가벼웠던 대학시절에 저렴한 대패 삼겹살을 자주 먹었다. 추억의 맛을 떠올리고 싶을 때마다 대패삼겹살을 한 번씩 먹는다. 대패삼겹살 한 봉지면 다양한 요리를 만들 수 있는데 숙주와 함께 볶아 먹으면 근사한 일품 요리가 된다. 시원한 국물이 끝내주는 나박 김치와 새콤한 마늘 장아찌를 곁들여 먹으면 금세 밥 한그릇 뚝딱!

· 대패삼겹 숙주 볶음 125쪽   · 된장찌개 031쪽   · 돌나물 무침 095쪽
· 나박 김치 126쪽   · 마늘 장아찌 127쪽   · 총각김치
· 상추

조리시간 15분

대패삼겹 숙주 볶음

저렴한 대패삼겹살과 숙주로 만드는 근사한 메인 요리

준비하기	양념
대패삼겹살 250g	굴소스 2큰술
숙주나물 300g	간장 1큰술
마늘 5개	올리고당 1큰술
양파 1/2개	맛술 1큰술
쪽파 2대	후추 조금
고추기름 2큰술	

TIP

· 숙주를 너무 오래 볶으면 흐물흐물해지기 때문에 아삭한 식감을 살리기 위해 살짝만 볶는다.

1

양파는 채 썰고, 마늘은 편 썰고, 쪽파는 송송 다진다.

2

양념 재료를 골고루 섞어서 양념을 준비한다.

3

달군 팬에 고추기름을 두르고 중약불에서 마늘을 볶는다.

4

마늘향이 솔솔 올라오기 시작하면 중불로 올려 대패삼겹살을 넣는다. 중강불에서 물기가 없어질 때까지 볶다가 양파와 후추를 넣는다.

5

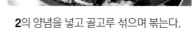

2의 양념을 넣고 골고루 섞으며 볶는다.

6

숙주를 넣고 가볍게 섞은 후 불을 끈다.

나박 김치

깔끔한 국물맛의 김치

조리시간 40분

준비하기

알배추 300g	마늘 30g
무 200g	생강 5g
당근 1/2개(50g)	매실액 1큰술
쪽파 5대	소금 2큰술
홍고추 2개	설탕 1큰술
배 1/2개(200g)	물 7과 1/2컵(1.5L)
양파 1개(100g)	

무, 배추 절임

소금 2큰술
물 1/2컵

고춧가루 불리기

고춧가루 2큰술
물 1컵(200ml)

TIP

· 절인 무와 배추는 헹구지 말고 물기만 뺀다.
· 나박 김치는 빨리 익기 때문에 먹을 만큼 만들어 먹는 게 좋다.
· 상온에 반나절이나 하루 정도 두었다가 냉장고에 넣어서 보관한다.
  미나리를 넣으면 빨리 발효가 되기 때문에 김치가 익을 때 넣어 주
  는 게 좋다.

1

배추는 한 잎 씩 떼어 3cm 길이로 썬다. 무와 당근은 3cm 길이로 나박 썰고, 쪽파는 5cm 길이로 썬다. 홍고추는 어슷 썬다.

2

볼에 무를 먼저 깔고 위에 배추를 올린 뒤 절임 재료를 골고루 뿌려서 1시간 정도 절인다. 중간에 2~3번 정도 뒤적여 주고 체에 밭쳐 물기를 뺀다.

3

고춧가루를 체에 넣고 물을 부어 고춧물을 낸다.

4

배, 양파, 마늘, 생강을 넣고 곱게 갈아 보자기로 짜서 즙만 걸러낸다.

5

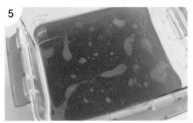

3, 4와 물 8과 1/4컵을 부어 섞는다.

6

5에 **2**의 절인 무와 배추, 쪽파, 당근, 고추를 넣고 매실액, 소금, 설탕으로 간을 한다.

마늘 장아찌

1년 내내 두고 먹는 저장 반찬

준비하기	1차 절임물	2차 절임물
마늘 650g	물 1컵	1차 절임물 1과 1/2컵
	식초 1컵	물 1/2컵
	소금 1큰술	간장 1/4컵
		설탕 1컵
		소주 1/2컵

TIP

· 햇마늘이 나오는 시기는 5~6월로, 장아찌용 마늘은 통으로 들었을 때 묵직하고 껍질에 붉은 빛이 돌아야 하며 크기는 적당히 크고 쪽 수가 적고 단단하며 둥근 모양이 좋다. 마늘은 상처가 있으면 전분물이 나와서 국물이 탁해지거나 녹변 현상이 일어날 수 있으니 되도록 상처가 없는 것을 사용한다.

1

마늘의 꼭지를 남기고 껍질을 깨끗하게 벗긴다. 흐르는 물에 2~3번 정도 깨끗하게 씻는다.

2

유리병은 열탕 소독한다.

3

유리병에 마늘을 담고 1차 절임물을 붓는다. 비닐로 입구를 단단히 봉쇄하고 뚜껑을 덮은 뒤 그늘지고 바람이 잘 통하는 곳에서 일주일에서 열흘 정도 숙성시킨다.

4

체에 밭쳐 마늘만 따로 거르고 1차 식초 절임물은 모두 따라낸다.

5

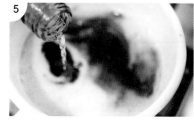

2차 절임물 재료를 냄비에 넣고 끓인다. 바글바글 끓어오르기 시작하면 1분간 더 끓이고 소주를 붓고 불을 끈 뒤 한 김 식힌다. 중간 중간 끓이면서 생기는 거품은 걷어낸다.

6

마늘을 병에 담고 2차 절임물을 붓는다. 실온에서 한 달간 숙성한 후 냉장 보관한다. 그늘진 곳에 두었다가 한 달 후에 간장물만 따라서 끓인 후 식혀 부으면 보관 기간도 길어지고 맛도 좋아진다.

보쌈해가고 싶은 밥상

마트에서 통 삼겹살 한 근을 사다가 보쌈을 만들었다. 보쌈만 먹으면 뭔가 허전하니까 들깨를 팍팍 넣어서 걸쭉한 국물이 예술인 버섯 들깨 칼국수도 곁들였다. 밖에서 사먹는 가격보다 저렴하게 집에서 보쌈과 고소한 들깨 칼국수를 푸짐하게 즐기자.

· 보쌈 129쪽	· 보쌈 김치 130쪽	· 버섯 들깨 칼국수 131쪽
· 오이고추 된장 무침 132쪽	· 나박 김치 126쪽	· 마늘 장아찌 127쪽
➕ 양파 장아찌 133쪽	· 쌈배추	· 새우젓

조리시간 60분

보쌈

통 삼겹살로 만들어 부드러운 식감이 예술

준비하기

통 삼겹살 600g
된장 2큰술
양파 1/2개
마늘 5개
월계수잎 3장
커피 가루 1큰술
통후추 1큰술
소주 1/2컵

TIP

· 수육 삶을 때 커피를 넣으면 누린내를 잡아주고 색도 예쁘게 만든다.

1

냄비에 재료가 잠길 만큼 물을 붓고 삼겹살, 된장, 양파, 마늘, 월계수잎, 통후추, 커피 가루를 넣는다.

2

센 불에서 10분간 삶다가 소주를 넣는다.

3

뚜껑을 열고 중불에서 20분, 약불에서 20분간 삶는다.

🔥🔥🔥 ➡ 🔥🔥🔥 ➡ 🔥🔥🔥

보쌈 김치

수육과 곁들여 먹으면 찰떡궁합인 달달한 무 김치

준비하기	절임 재료	양념
무 500g	굵은 소금 1큰술	고춧가루 3큰술
쪽파 5대	물엿 1/2컵	설탕 2큰술
		다진 마늘 1큰술
		생강 1작은술
		매실청 1큰술
		멸치 액젓 2큰술
		새우젓 1/2큰술

조리시간 60분 이상

TIP

· 무를 구부렸을 때 휘어질 정도로 절인다. 계절에 따라 절이는 시간
을 달리한다.
· 물기를 꼭 짜내야 꼬득꼬득한 식감의 무 김치가 된다.

1 무는 0.7cm 두께로 굵게 채 썬다.

2 쪽파는 5cm 길이로 썬다.

3 무와 파를 한 곳에 담고 절임 재료를 넣
고 1시간 반~2시간 정도 절인다. 중간
에 2~3번 정도 뒤적인다.

4 3을 면보에 넣어서 물기가 없을 때까지
꼭 짜서 볼에 담는다.

5 고춧가루를 먼저 넣어 색을 입힌다.

6 나머지 양념 재료를 모두 넣고 골고루
무친다.

조리시간 15분

버섯 들깨 칼국수

고소한 들깨의 맛이 일품인 칼국수

준비하기	양념
칼국수면 2인분	들깨가루 6큰술
멸치 육수 6컵(1.2L)	찹쌀가루 1큰술
새송이버섯 1개	멸치 육수 1/2컵
표고버섯 3개	
애호박 1/3개	
국간장 1큰술	
소금 조금	

TIP

· 들깨는 취향에 따라 추가하고 걸쭉한 국물이 좋으면 찹쌀가루를 넣는다.

· 칼국수면이 붙지 않게 살살 풀어 가면서 젓는다.

1

멸치 육수를 부어 끓인다.

*멸치 육수는 21쪽 참고

2

애호박은 채 썰고, 새송이버섯과 표고버섯은 먹기 좋은 크기로 썬다.

3

양념 재료를 골고루 섞어서 잘 푼다.

4

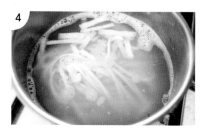

센 불에서 멸치 육수를 끓인다. 육수가 끓어오르면 칼국수 면과 애호박을 넣고 4분간 더 끓인다.

5

3의 양념 재료와 버섯을 넣고 중불에서 2분간 더 끓인다. ◊◊◊ ➡ ◊◊◊

6

국간장을 넣고 모자란 간은 소금으로 한다.

오이고추 된장 무침

아삭아삭한 오이고추의 식감이 일품

조리시간 10분

준비하기

오이고추 10~12개

양념

된장 2큰술
고춧가루 1큰술
다진 마늘 1큰술
매실청 1큰술
올리고당 1큰술
참기름 1큰술
깨 1큰술

1
오이고추는 1cm 길이로 썬다.

2
양념 재료를 골고루 섞어서 양념을 준비한다.

3
오이고추와 **2**의 양념을 골고루 무친다.

양파 장아찌

여름철 입맛 잡아줄 초간단 장아찌

준비하기	절임장	
양파 5개(중간 사이즈)	물 1컵	설탕 1컵
홍고추 2개	식초 1컵	소주 1/2컵
청양고추 3개	간장 1컵	

TIP

· 장아찌를 담글 때 물기가 들어가면 곰팡이가 생길 수도 있고 변질될 수 있으니 장아찌를 오래 두고 보관하려면 물기는 최대한 제거한 후 담는다.

· 청양고추를 넣어서 만들면 훨씬 맛이 좋고 한 번에 두 가지 장아찌를 담을 수 있는 장점이 있다.

· 식초와 소주를 처음부터 같이 넣어서 끓이면 신맛과 알코올이 다 날아가 버릴 수도 있어서 설탕, 간장, 물을 먼저 끓인 다음 식초와 소주를 넣어주는 게 좋다.

· 시간이 지나면 양파에서 수분이 나오기 때문에 절임물은 처음부터 가득 채우지 않는다.

➕ 플러스 레시피

1

유리병을 열탕 소독한다.

2

깨끗하게 씻은 양파는 체에 밭쳐 물기를 제거한다. 양파를 한 입에 먹기 좋은 크기로 자른다.

3

홍고추와 청양고추를 송송 썬다.

4

양파와 고추를 열탕 소독한 병에 차곡차곡 흔들어가면서 꽉꽉 담는다.

5

냄비에 소주와 식초를 제외한 절임장 재료를 넣고 중불에서 설탕이 완벽하게 녹을 수 있도록 저어가면서 끓인다. 끓어오르기 시작하면 1분간 더 끓이고 식초를 넣어 한소끔 끓인 후 불을 끄고 소주를 붓는다.

6

절임물을 한 김 식히고 뜨거운 채로 양파 위에 바로 붓는다. 실온에서 하루 정도 숙성시킨 다음 냉장 보관한다.

분식 덕후 모여라 밥상

정말 좋아하는 음식 중의 하나인 떡볶이, 일주일에 꼭 한 번 정도는 챙겨서
먹을 정도로 좋아한다. 학교 앞 즉석 떡볶이가 생각나서 직접 만들어 봤다.
즉석 떡볶이의 양념 맛있게 만드는 방법과 보기에도 좋고 맛도 좋은 삼색
유부초밥까지 한 상 맛있게 차렸다.

· 즉석떡볶이 135쪽 　　　· 삼색 유부초밥 136쪽 　　　· 단무지 무침 137쪽

즉석떡볶이

학교 앞에서 먹던 추억의 맛

준비하기

떡볶이 떡 20개
어묵 3장
양배추 3장
양파 1/4개
대파 1/2대
당면 반 줌
만두 2개
삶은 달걀 2개
김말이 2개
멸치 육수 3컵(600ml)

떡볶이 소스

고추장 2큰술
고춧가루 3큰술
설탕 2큰술
물엿 2큰술
간장 2큰술
굴소스 1큰술
다진 마늘 1큰술
춘장 1작은술

1

양념 재료를 골고루 섞어서 양념을 준비한다.

2

양파는 채 썰고, 대파는 어슷 썰고, 양배추는 큼지막하게 썬다. 어묵은 먹기 좋은 크기로 썬다.

3

당면은 물에 담가 불린다.

4

떡은 물에 가볍게 씻어 물기를 뺀다.

5

냄비에 2, 3, 4의 재료를 담고 멸치 육수와 양념을 넣는다. 떡이 말랑말랑할 때까지 끓이다가 만두, 김말이, 달걀을 넣는다.

*멸치 육수는 21쪽 참고

삼색 유부초밥

보기에도 좋고 맛도 좋은 비주얼 요리

조리시간 30분

준비하기

시판 유부 2팩
밥 2공기

달걀

달걀 2개
우유 2큰술
맛술 1큰술
소금 조금

불고기

소고기 다진 것 100g
간장 2큰술
올리고당 1큰술
매실청 1큰술
참기름 1/2큰술
다진 마늘 1/2큰술
다진 파 2큰술
맛술 1큰술
후추 조금

크래미

크래미 2개
오이 1/2개
양파 1/4개
고추냉이 1작은술
마요네즈 2큰술
후추 조금

TIP

· 고기에서 빠져나온 육즙이 다시 흡수될 때까지 볶는다.

1
소고기는 키친타올로 핏물을 제거하고
양념에 재운다.

2
기름을 두르지 않은 팬에 수분이 없어
질 때까지 바싹 볶는다.

3
달걀은 체에 밭쳐 알끈을 풀고 우유, 맛
술, 소금을 넣어 간을 한다. 기름을 살
짝 두른 팬에서 스크램블을 한다.

4
크래미는 손으로 잘게 찢고, 양파와 오
이는 얇게 채 썬다. 양파는 물에 담가
매운맛을 빼고 오이는 굵은 소금 1/2
큰술을 넣고 절인 뒤 물에 헹궈 물기를
꼭 짠다.

5
와사비와 마요네즈, 후추를 넣고 버무
린다.

6
유부는 물기를 꼭 짠다. 밥에 단촛물과
후리가케를 넣어 잘 섞는다. 유부에 밥
을 2/3만 채우고 앞에서 준비한 **2, 3,
5**의 고명을 올린다.

단무지 무침
평범한 단무지의 화려한 변신

준비하기

단무지 200g
대파 1/4대

양념

고춧가루 1큰술
설탕 1/2큰술
다진 마늘 1/2큰술
참기름 1큰술
깨 조금

TIP

· 단무지를 씻어서 찬물에 5분간 담가두면 염도가 낮아지고 몸에 해
로운 성분이 빠진다.

1
단무지는 먹기 좋게 썰고 대파는 잘게
다진다.

2
단무지는 찬물에 담가 짠맛을 빼고 체
에 밭쳐 물기를 뺀다.

3
2에 분량의 양념 재료를 넣고 버무
린다.

고급스럽고 푸짐한 밥상

항상 마트 마감 시간에 장을 보러 간다. 마감 세일을 엄청 많이 하기 때문에 저렴한 가격으로 식재료를 득템할 수 있기 때문이다. 언젠가는 한우 부채살이 반값으로 나왔길래 두 팩을 구입해서 소고기 찹쌀구이를 만들었다. 오이 한 봉지로 아삭아삭한 맛이 좋은 오이 소박이도 만들었다.

· 소고기 찹쌀구이 139쪽   · 참치 미역국 140쪽   · 오이 소박이 141쪽
· 미나리 무침 142쪽   · 나박 김치 126쪽   · 마늘 장아찌 127쪽
· 오이고추   ✚ 콩나물 무침 143쪽

소고기 찹쌀구이

겉은 바삭 속은 쫀득한 소고기 요리

준비하기	고기 밑간	겨자 소스
소고기 부채살 300g	간장 2큰술	연겨자 2큰술
깻잎 20장	설탕 1/2큰술	설탕 4큰술
찹쌀가루 1/2컵	다진 마늘 1/2큰술	물 2큰술
식용유 5큰술	참기름 1/2큰술	간장 1/2큰술
	매실액 1큰술	다진 마늘 1/2큰술
	후추 조금	식초 3큰술
		소금 한 꼬집

TIP

· 찹쌀구이는 조금 큼직하게 썰어야 먹기 좋다.
· 자주 뒤집지 말고 핏물이 올라올 때 딱 한 번만 뒤집어야 육즙이 가
  득하다.

1

소고기는 키친타올에 올려 핏물을 제거
한 후 0.5cm 두께의 먹기 좋은 크기로
썰고 앞뒤로 칼집을 낸다.

2

분량의 양념 재료를 골고루 섞어서 양
념을 준비한다.

3

소고기에 **2**의 양념을 발라 20분간 재
운다.

4

분량의 겨자 소스 재료를 골고루 섞어
서 소스를 준비한다.

5

깻잎은 잘게 채 썬다.

6

3의 소고기에 앞뒤로 찹쌀가루를 묻혀
팬에 식용유를 넉넉히 두르고 중불에서
튀기듯 굽는다. **5**의 깻잎과 **4**의 소스를
곁들인다.

참치 미역국

소고기 없이 담백하게 끓인다.

조리시간 40분

준비하기

참치 통조림 1개(150g)
미역 한 줌(약 15g)
물 7과 1/2컵(1.5L)
다진 마늘 1큰술
국간장 2큰술
참기름 1큰술
소금 조금

TIP

· 미역색이 초록으로 변할 때까지 타지 않게 오래 볶아야 나중에 국물
  이 뽀얗게 우러나와 국물 맛이 진해진다.

· 처음부터 참치를 넣고 끓이면 참치가 다 으스러지기 때문에 거의
  마지막 단계에 넣어 주는 것이 좋다. 자주 저으면 참치가 으스러지
  니 휘젓지 말고 적당히 풀어지게 둔다.

1

미역은 20분간 찬물에 담가서 불린다.
불린 미역은 찬물에 2~3번 정도 헹구
고 물기를 꼭 짠다.

2

참치는 체에 밭쳐 기름을 제거한다.

3

달군 팬에 참기름을 두르고 미역을 볶
는다.

4

물을 붓고 센 불에서 끓이다가 끓어오
르면 중약불로 불을 낮추고 뚜껑을 덮
은 뒤 약 20분간 푹 끓인다.

5

2의 기름 뺀 참치를 넣는다.

6

마늘과 국간장을 넣고 모자란 간은 소
금으로 하고 5분 뒤 불을 끈다.

오이 소박이

실패 없이 만드는 방법이 있다.

준비하기	절임물	양념
오이 5개	물 5컵(1L)	고춧가루 5큰술
부추 150g	굵은 소금 3큰술	까나리 액젓 3큰술
양파 1/2개(작은 것)		새우젓 1과 1/2큰술
	찹쌀풀	매실청 2큰술
	물 1/3컵	설탕 1큰술
	찹쌀가루 1/2큰술	다진 마늘 1큰술
		다진 생강 1/2큰술

TIP

· 오이 옆에 젓가락을 받쳐 두고 자르면 쉽다.
· 오이는 약 20~30분간 절이는데 구부려지면 잘 절여진 것이다.

1
오이는 굵은 소금으로 문질러 이물질을 제거한다. 오이는 3등분하고 바닥에 1cm 정도 남긴 후 십자로 칼집을 낸다.

2
절임물의 재료는 모두 섞어 끓인 뒤 뜨거울 때 바로 **1**의 오이에 부어 20분간 절인다. 오이가 절여지면 절임물을 버리고 체에 밭쳐 물기를 뺀다.

3
부추는 2cm 간격으로 자르고 양파는 잘게 썬다.

4
찹쌀풀 재료는 냄비에 넣고 중약불에서 저어가며 3~4분간 끓인 후 식힌다.

5
볼에 **3**, **4**와 양념 재료를 넣고 골고루 버무린다.

6
2의 절여진 오이에 **5**의 양념을 겉부터 묻히고 속에 소를 채워 넣는다. 실온에 2시간 정도 두었다가 냉장 보관한다.

미나리 무침

입 안 가득 퍼지는 향긋함

조리시간 10분

준비하기

미나리 300g
굵은 소금 1큰술
식초 1큰술
대파 1/4대
다진 마늘 1/2큰술
국간장 1큰술
참기름 1큰술
깨 조금

1
미나리를 깨끗이 씻는다. 끓는 물에 굵은 소금을 넣고 30초 내외로 데친다.

2
찬물에서 빠르게 헹구고 물기를 짠 후 먹기 좋게 썬다.

3
대파는 잘게 다진다.

4
국간장, 다진 마늘, 참기름, 깨를 넣어 조물조물 무친다.

조리시간 10분

콩나물 무침

기본 양념으로 깔끔하게 무친다.

준비하기	콩나물 삶기
콩나물 300g	물 5컵
다진 파 2큰술	소금 1/2큰술
국간장 2큰술	
고춧가루 1큰술	
다진 마늘 1큰술	
참기름 1큰 술	
깨 조금	

TIP

· 콩나물 삶은 물은 각종 국을 끓일 때 유용하게 쓰이니 버리지 말고
보관한다.
콩나물을 2/3 정도만 건져내고 남은 국물에 국을 끓여도 맛이 아
주 좋다.

+ 플러스 레시피

1

콩나물은 흐르는 물에 깨끗하게 씻는다.

2

끓는 물에 소금을 넣고 팔팔 끓으면 콩
나물을 넣고 2분 30초간 데친다.

3

데친 콩나물은 체를 이용해서 건져내고
넓은 쟁반에 쫙 펼쳐서 식힌다.

4

한 김 식힌 콩나물을 볼에 담고 다진
파, 고춧가루, 국간장을 넣어서 양념을
하고 양념이 잘 스며들 수 있도록 힘 있
게 버무린다.

5

참기름과 깨로 마무리한다.

때로는 감성 밥상

∙∙

한식을 좋아하긴 하지만 가끔은 새로운 요리가 먹고 싶을 때가 있다. 진한 토마토의 풍미가 가득한 토마토 비프 스튜와 올리브유와 새우만 있으면 근사하게 만들 수 있는 감바스 알 아히요로 근사한 주말 브런치 밥상을 차렸다. 여름철 시원한 디저트로 즐길 수 있는 토마토 마리네이드도 만들어 보자.

∙토마토 비프 스튜 145쪽   ∙감바스 알 아히요 146쪽   ∙토마토 마리네이드 147쪽
∙할라피뇨

토마토 비프 스튜

별미로 즐기는 진한 토마토의 풍미가 가득

준비하기

소고기 사태 200g

토마토 3개(350g)

감자 1개

양파 1개

당근 1/2개

양송이버섯 5개

마늘 5개

액상 치킨스톡 2큰술

버터 1큰술

밀가루 2큰술

토마토 페이스트 4큰술(60g)

레드와인 2큰술

월계수 잎 2장

물 2컵

소금 조금

후추 조금

1

소고기는 핏물을 제거하고 한 입 크기로 썰어 소금, 후추로 간을 한다.

2

감자, 당근, 양파는 한 입 크기로 큼직하게 썰고, 양송이버섯은 모양대로 편 썬다.

3

토마토는 끓는 물에 10초간 데친 후 바로 찬물에 넣어 껍질을 벗긴다.

4

팬에 버터를 녹이고 소고기 사태에 밀가루를 묻혀 앞뒤로 노릇하게 굽는다.

5

4에 마늘, 감자, 당근, 양파 순으로 넣고 볶다가 재료가 반쯤 익으면 레드와인을 넣어서 알코올을 날린다. **3**의 토마토를 넣어서 으깨고 토마토 페이스트, 액상 치킨스톡, 물, 월계수 잎을 넣고 중불에서 30분간 끓인다.

6

양송이를 넣고 약불에서 20분간 더 뭉근하게 끓인다. 소금, 후추로 간을 하고 10분간 더 끓인다.

🔥🔥🔥 ➡ 🔥🔥🔥

감바스 알 아히요

간단하면서도 고급진 스페인 요리

조리시간 15분

준비하기

냉동 새우 12마리
올리브유 1/2컵(100ml)
마늘 10개
페퍼론치노 4~5개
소금 조금
후추 조금
파슬리 가루 조금

새우 밑간

미림 1큰술
소금 조금
후추 조금

TIP

· 마늘을 너무 얇게 썰면 마늘이 타기 때문에 두껍게 써는 것이 좋다.
참고로 이번 레시피에선 마늘을 3등분 했다.

· 새우를 너무 익히면 식감이 질겨진다. 적당히 익혀야 식감이 탱글
탱글 하다. 이번 레시피에선 새우를 넣고 1분간 익힌 후 뒤집어 1
분간 더 익혔다.

1

냉동 새우는 물에 담가서 해동시키고
소금과 후추를 뿌려 밑간한다.

2

마늘 8개는 편으로 썰고 나머지는 잘게
다진다.

3

팬에 올리브유를 넣고 따뜻하게 달군
다. 올리브유에 기포가 생기기 시작하
면 마늘과 페퍼론치노를 넣고 중불에서
2분간 끓인다.

4

1의 새우를 넣는다.

5

파슬리 가루를 뿌리고 소금, 후추로 간
한다.

토마토 마리네이드

시원하게 먹는 토마토 요리

준비하기

방울토마토 40개(400g)
양파 1/2개
바질 잎 6장

절임장

올리브유 4큰술
발사믹 식초 2큰술
레몬즙 1큰술
꿀 2큰술
소금 1/2작은술

TIP

토마토를 너무 오래 데치면 과육이 물러지니 살짝만 데친다.

1 유리병은 열탕 소독한다.

2 토마토는 깨끗하게 씻어 열십자로 칼집을 낸다.

3 끓는 물에 10초간 데치고, 찬물에 바로 담가 껍질을 벗긴다.

4 양파와 바질 잎은 잘게 다진다.

5 절임장 재료를 골고루 섞어서 절임장을 준비한다.

6 토마토에 **5**의 절임장을 섞어 병에 담아 냉장 보관한다.

밥 두 공기는 거뜬한 밥상

일주일 동안 먹을 밑반찬들을 주말에 미리 만들어 놓고 국과 메인 반찬만
바꿔서 만들면 수월하게 한 끼 식사를 해결할 수 있다. 국민 인기 밑반찬
두 가지와 제일 자신 있는 고갈비로 차리는 밥상이다. 밥 두 공기는 거뜬히
비울 수 있다.

· 고갈비 149쪽   · 명란젓국 150쪽   · 마늘종 볶음 151쪽
· 진미채 볶음 152쪽   · 스팸두부   · 배추김치
⊕ 깻순 볶음 153쪽

고갈비

돼지갈비보다 더 맛있는 생선 갈비

준비하기

고등어 1마리
양파 1/4개
쪽파 3~4대
식용유 넉넉히

갈비 양념

고춧가루 1큰술
고추장 2큰술
진간장 1큰술
다진 마늘 1큰술
올리고당 1큰술
맛술 2큰술
후추 조금
깨 조금

TIP

· 자반고등어를 사용한다면 짠기를 없애기 위해 쌀뜨물에 20분간 담가둔다.

· 생물 고등어는 쌀뜨물에 소금 1큰술을 넣고 20분간 담가두면 비린 맛이 없어지고 살이 탱탱해져 맛이 좋다.

1

손질한 고등어는 쌀뜨물에 담근다.

2

등 부분에 칼집을 낸다.

3

분량의 양념과 잘게 다진 양파를 섞는다.

4

달군 프라이팬에 식용유를 두르고 고등어 살 부분이 밑으로 가도록 놓고 중약불에서 서서히 익힌다.

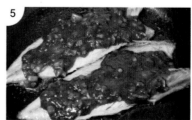

5

노르스름하게 익었으면 뒤집고 고등어 살 위에 양념을 골고루 발라 약불에서 익힌다. 🔥🔥🔥 ➡ 🔥🔥🔥

6

뒤집어서 등 부분에도 양념을 발라서 골고루 양념이 스며들도록 조리고 깨와 송송 썬 쪽파를 뿌려 마무리한다.

명란젓국

명란의 짭조름하고 감칠맛이 좋다.

조리시간 15분

준비하기

명란젓 150g
무 200g
두부 1/2모
멸치 육수 6컵(1.2L)
다진 마늘 1큰술
대파 1대
홍고추 1개
새우젓 조금

TIP

· 명란젓의 짠맛이 계속 우러나오기 때문에 간은 살짝 심심하게 하는
  것이 좋다.

1 무는 나박 썰고, 대파와 홍고추는 송송
썰고, 두부는 먹기 좋은 크기로 썬다.

2 명란젓은 3등분으로 썬다.

3 멸치 육수에 무를 넣고 익을 때까지 센
불로 끓인다.

*멸치 육수는 21쪽 참고

4 명란젓, 두부, 마늘을 넣고 중불에서 한
소끔 끓인다. ♨♨♨ ➡ ♨♨♨

5 대파, 홍고추를 넣는다.

6 새우젓으로 간을 한다.

조리시간 15분

마늘종 볶음
단짠단짠 아삭한 식감이 좋은 마늘종 요리

준비하기	볶음 양념
마늘종 200g	간장 2큰술
건 새우 50g	올리고당 1큰술
소금 1큰술	설탕 1큰술
참기름 1큰술	맛술 2큰술
식용유 1큰술	
깨 1큰술	
굵은 소금 1큰술	

TIP

· 마늘종을 한 번 데치면 색이 파랗게 살아나고 오래 볶지 않아도 된다. 마늘종을 오래 데치면 아삭함이 없어지니 짧게 데쳐서 바로 찬물에 씻어 열기를 뺀다.

· 새우를 마른 팬에 볶으면 비린내와 잡내가 사라진다. 고소한 냄새가 날 때까지 볶는다.

1 마늘종은 5~6cm 정도의 먹기 좋은 길이로 자른다.

2 끓는 물에 소금을 넣고 30초 내외로 빠르게 데친 후 찬물에 가볍게 씻어 체에 받쳐 물기를 제거한다.

3 마른 팬에 건 새우를 넣어 중불에서 2분간 볶고 체에 담아 흔들어 불순물을 거른다.

4 달군 팬에 식용유를 두른 뒤 마늘종을 넣고 중불에서 1분간 볶는다.

5 한 쪽에 마늘종을 밀어 놓고 분량의 양념을 모두 넣어 양념이 끓어오르면 마늘종에 간이 배도록 골고루 볶는다.

6 양념이 졸으면 건 새우를 넣고 볶은 후 불을 끄고 참기름과 깨를 넣어 고소함을 더한다.

151

진미채 볶음

만들어 두면 일주일이 든든한 밑반찬

조리시간 15분

준비하기

진미채 100g
마요네즈 2큰술
참기름 1큰술
식용유 1큰술

볶음 양념

고춧가루 1큰술
고추장 2큰술
간장 1/2큰술
물엿 2큰술
맛술 1큰술
물 2큰술

TIP

· 진미채를 뜨거운 물에 한 번 데치면 불순물이 빠지고 식감도 부드
러워지며, 찬물에 담가 비린내를 줄일 수 있다.
· 부드러운 식감이 싫다면 기름을 두르지 않은 마른 팬에 한 번 볶아
수분을 날린다.

1 진미채는 먹기 좋은 크기로 자른다.

2 끓는 물을 부어 10초간 데치고 얼음물
에 10초간 담근다. 체에 받쳐 물기를
제거한다.

3 마요네즈를 넣고 버무린다.

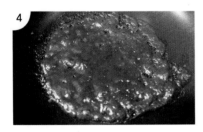

4 중불로 달군 팬에 식용유를 두른 뒤 양
념 재료를 넣고 끓인다.

5 양념이 끓어오르면 불을 끄고 진미채를
넣어 버무린다. 마지막으로 깨와 참기
름으로 고소함을 더한다.

깻순 볶음

들깨를 넣어서 고소하게 볶아낸 깻잎순 나물

준비하기

깻순(깻잎순) 200g	식용유 1/2큰술
다진 마늘 1/2큰술	물 3큰술
다진 파 4큰술	깨 조금
들깨가루 2큰술	
간장 1큰술	
굵은 소금 1큰술	
들기름 2큰술	

깻순 데치기

굵은 소금 1/2큰술

➕ 플러스 레시피

TIP

· 깻순은 잎의 향이 강하고 짙은 녹색을 띠고 가장자리가 선명한 것
  이 좋다.
· 한 번 데쳤기 때문에 너무 오래 볶지 않고 수분이 날라 가고 양념이
  배일 정도만 볶는다.

1

깻순의 거친 잎이나 시든 잎은 제거하고 억센 줄기 부분은 자른다. 물에 담가서 헹구듯이 흔들어 2~3번 씻어준 뒤 체에 받쳐서 물기를 뺀다.

2

끓는 물에 굵은 소금을 넣고 깻순을 넣어 30초간 데친다.

3

데쳐낸 깻순은 흐르는 물이나 찬물에 헹궈서 한 김 식히고 손으로 꾹 짜서 물기를 뺀다. 먹기 좋은 크기로 자른다.

4

깻순에 다진 마늘, 간장, 소금으로 간을 맞추고 조물조물 무친다. 간이 배게 10분간 그대로 둔다.

5

달군 팬에 들기름과 식용유를 두르고 마늘, 다진 파, 국간장 양념이 골고루 잘 배게 중불에서 볶는다.

6

양념이 골고루 배고 숨이 죽으면 물, 들깨가루, 다진 파를 넣고 가볍게 볶고 깨로 마무리한다.

냉장고 파먹기 밥상

냉장고에 굴러다니는 버섯과 애호박으로 밑반찬과 찌개를 끓이고, 냉동실
에서 화석이 되기 직전인 갈치를 해동해서 구웠다. 봄의 향기를 물씬 느낄
수 있는 두릅숙회까지 더했더니 냉장고 파먹기 밥상이 화려하게 차려졌다.

· 애호박찌개 155쪽   · 두릅숙회 156쪽   · 갈치 구이
· 새송이버섯 볶음 157쪽   · 오이고추 된장 무침 132쪽   · 마늘종 장아찌

애호박찌개

칼칼한 애호박찌개를 만들었다.

준비하기

돼지고기 200g
애호박 2/3개
양파 1/2개
대파 1/2개
청양고추 1개
다진 마늘 1큰술
고춧가루 1큰술
고추장 2큰술
새우젓 조금
물 2컵

돼지고기 밑간

국간장 1큰술
맛술 1큰술
다진 마늘 1/2큰술

1 애호박과 양파는 채 썰고, 대파와 청양 고추는 어슷하게 썬다.

2 돼지고기는 밑간 재료를 넣고 20분간 재운다.

3 달군 냄비에 **2**의 돼지고기를 넣고 겉면 이 하얗게 익을 때까지 볶는다.

4 물, 고춧가루, 고추장을 넣고 센 불에서 5분간 끓인다.

5 중불로 줄이고 애호박, 양파, 다진 마늘 을 넣고 3분간 끓인다.

6 대파와 청양고추를 넣고 새우젓으로 간 한다.

두릅숙회

향긋한 향이 좋은 봄나물

조리시간 10분

준비하기

두릅 1팩
굵은 소금 1큰술

초고추장

고추장 3큰술
설탕 1큰술
매실청 2
식초 2큰술
다진 마늘 1/2큰술
깨 조금

TIP

· 두릅은 4~5월이 제철로, 데쳐서 숙회로 먹으면 맛있지만 특유의 쌉싸름한 맛 때문에 고기와도 잘 어울린다.

· 남은 두릅은 스프레이로 물을 뿌려 촉촉하게 한 뒤 신문지나 키친 타올로 감싸 냉장고의 채소 칸에 보관한다.

· 두릅은 밑동이 굵기 때문에 밑동부터 물에 넣어서 데친다. 굵기에 따라서 시간조절이 필요한데 줄기 부분을 손으로 눌렀을 때 딱딱하지 않고 탄력이 있으면 잘 데쳐 진 것이다.

1

두릅의 끝부분인 나무 밑동을 자른다.

2

밑동을 감싸고 있는 껍질을 떼어낸다.

3

칼을 비스듬히 눕혀서 가시 부분을 긁어낸다.

4

굵은 두릅은 밑동에 열십자로 칼집을 내고 손질한 두릅은 깨끗이 세척한다.

5

끓는 물에 소금을 넣고 두릅 밑동을 먼저 담근 뒤 10초, 줄기와 잎을 넣고 30초간 데친다. 데쳐 낸 두릅은 바로 찬물에 헹구고 이파리 쪽은 물기를 꼭 짠다.

6

양념 재료를 골고루 섞어서 초고추장을 준비한다.

새송이버섯 볶음

쫄깃한 식감이 좋은 버섯 볶음

준비하기

새송이버섯 2개
양파 1/4개
홍고추 1/2개
다진 마늘 1/2큰술
소금 조금
후추 조금
식용유 조금
참기름 조금
깨 조금

1

새송이버섯은 2등분 하여 길게 편 썰고 양파는 채 썰고 홍고추는 씨를 빼고 얇게 채 썬다.

2

달군 팬에 식용유를 두르고 다진 마늘과 양파를 넣고 볶는다.

3

양파가 반쯤 투명해지면 새송이버섯을 넣고 숨이 죽을 때까지 볶는다.

4

홍고추를 넣고 골고루 볶는다.

5

소금과 후추로 간하고 참기름으로 마무리한다.

불 안 쓰고 만드는 여름 밥상

여름이 되면 더워서 주방에서 밥하기가 힘들다. 그래서 불 없이 밥상을 차렸다. 전기밥솥으로 콩나물밥을 짓고, 에어프라이어로 생선을 굽고 얼음을 동동 띄워 냉국을 만들면 땀 한 방울 흘리지 않고 맛있는 한 끼를 즐길 수 있다.

· 콩나물 밥 159쪽   · 오이냉국 160쪽   · 굴비 구이 161쪽
· 오이 무침 187쪽

콩나물 밥

전기밥솥으로 간단하게 만든다.

준비하기	양념장
콩나물 두 줌(200g)	고춧가루 1큰술
쌀 2컵	간장 4큰술
	물 1큰술
	다진 마늘 1/2큰술
	쪽파 2대
	참기름 1큰술
	깨 1/2큰술
	매실청 1/2큰술

TIP

· 콩나물 밥을 할 때 가는 콩나물을 사용하면 나중에 쪼그라 들어 맛
  이 없기 때문에 통통하고 굵은 콩나물을 사용하는 것이 좋다.
· 콩나물이 익으면서 수분이 나오기 때문에 평소보다 밥 물의 양을
  작게 잡는다.

1

콩나물은 껍질과 꼬리 부분을 다듬고
깨끗이 씻는다.

2

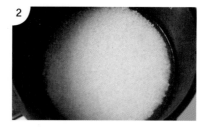

전기밥솥에 깨끗이 씻은 쌀을 넣고 쌀
의 2/3 정도 되는 양만큼 물을 붓는다.

3

콩나물을 올린다.

4

백미 쾌속으로 취사한 후 밥과 콩나물
이 잘 섞이게 골고루 젓는다.

5

분량의 양념 재료를 골고루 섞어 양념
장을 만들고 콩나물 밥과 곁들인다.

오이냉국

새콤달콤하고 시원한 여름철 음식

조리시간 15분

준비하기

건 미역 20g
물 3컵(600ml)
오이 1/2개
양파 1/4개
당근 1/4개
다진 마늘 1/2큰술
깨 조금

국물 양념

간장 1큰술
소금 1큰술
설탕 2큰술
매실액 2큰술
식초 4큰술

TIP

· 새콤한 맛을 원하면 식초를 더 추가하고 달콤한 맛을 원하면 설탕
  을 추가해서 입맛에 맞게 조절한다.

미역은 10분간 물에 불리고 불린 미역
은 깨끗하게 씻은 후 물기를 꼭 짠다.

오이는 굵은 소금으로 문질러 씻은 뒤
채 썰고 당근과 양파도 얇게 채 썬다.

물에 국물 양념 재료를 넣어 골고루 섞
는다.

3의 국물에 채소와 미역을 넣는다.

다진 마늘을 넣어 잘 섞고 깨로 마무리
한다.

굴비 구이

에어프라이어로 간편하게 굽는다.

준비하기

굴비 2마리
쌀뜨물 3컵

TIP

· 굴비를 쌀뜨물이나 밀가루 또는 녹차물에 1시간 동안 넣어서 불려 조리하면 비린맛과 잡내를 잡을 수 있다. 해동할 때도 쌀뜨물에 넣어 해동하면 좋다.
· 굴비의 비늘을 제거할 때 칼 대신 병뚜껑으로 긁으면 뚜껑 안으로 비늘이 들어가서 사방으로 튀지 않는다.
· 굴비의 껍질에 칼집을 내주면 껍질이 수축되어 찢어지는 것을 방지할 수 있다.

1

굴비를 쌀뜨물에 30분간 담근다.

2

대가리를 잡고 칼등을 이용해서 비늘 결 반대 방향으로 살살 밀어 비늘을 깨끗하게 긁어준다.

3

가위로 등, 가슴, 배, 꼬리 지느러미를 자른다.

4

아가미 쪽에 손가락을 넣어서 내장을 뺀다.

5

흐르는 물에 깨끗하게 씻은 뒤 칼을 35도 각도로 기울여 비스듬히 칼집을 넣는다.

6

에어프라이어 온도를 160도로 맞춘 후 굴비를 넣고 10분간 굽고 뒤집어서 다시 10분간 굽는다.

PART 2

걱정 없는 집밥을 위한
똑소리 나는 요리

집밥을 해먹는 것은 생각처럼 어렵지 않다. 매일 반찬과 한 그릇 요리, 간단하게 끓일 수 있는 국, 찌개, 탕, 찜과 오래 두고 먹을 수 있는 김치나 저장 반찬만 잘 만들어 두면 걱정 없이 집밥을 휘리릭 차릴 수 있다. 이번 파트에서 소개하는 시간을 아껴주고 기본이 되는 요리는 집밥을 더욱 풍성하게 만들 수 있을 것이다.

한 그릇
요리

차슈덮밥

단짠의 최고 조합 삼겹살 요리

준비하기	고기 밑간	소스
통 삼겹살 500g	소금 조금	물 3컵
밥 1공기	후추 조금	간장 1컵
대파 1대(흰 부분)		물엿 1/2컵
쪽파 3대		맛술 1/3컵
양파 1개		
마늘 5개		
생강 1개		
월계수 잎 2장		
식용유 조금		

TIP

· 고기를 기름에 굽는 것은 육즙이 안 빠져 나오게 코팅하는 과정이
니 속까지 완전히 익히지 않아도 된다.

1

삼겹살에 고기 밑간 재료를 넣어 밑간
한다. 뜨겁게 달군 팬에 식용유를 두르
고 센 불에서 4면을 노릇하게 굽는다.

2

냄비에 분량의 소스 재료를 넣고 **1**의
삼겹살, 파, 마늘, 생강, 양파, 월계수 잎
을 넣는다.

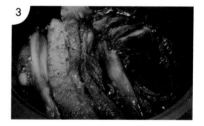

3

센 불로 끓이다가 끓어오르면 중약불로
불을 낮추고 뚜껑을 덮은 뒤 30~40분
간 더 끓인다. 🔥🔥🔥 ➡ 🔥🔥🔥

4

고기와 건더기는 건져내고 소스만 체에
거른다. 소스 위에 떠있는 기름을 걷어
내고 중약불에서 걸쭉하게 졸인다.

5

4의 차슈를 먹기 좋게 썬다.

6

그릇에 밥을 담고 **4**의 소스를 골고루
끼얹은 후 **5**의 차슈를 둘러 올린다. 마
지막으로 송송 썬 쪽파를 뿌리고 소스
를 한 번 더 골고루 뿌린다.

돈가스 덮밥

눅눅함도 매력 있는 가츠동

조리시간 15분

준비하기

밥 2공기
시판 돈가스 2장
달걀 2개
양파 1개
쪽파 2대
물 1컵(200ml)
시판 쯔유 1/2컵(100ml)

TIP

· 흰자와 노른자가 잘 섞이게 저어주되 너무 많이 젓지 말고 살짝만
  젓는다.
· 시판 쯔유는 염도가 각각 다르니 맛을 봐가면서 조절한다.
· 달걀을 오래 익히면 퍽퍽해지기 때문에 살짝만 익힌다.

1

양파는 얇게 채 썬다.

2

달걀을 잘 푼다.

3

180도 기름에 돈가스를 앞뒤로 노릇노
릇하게 튀긴다. 잘 튀겨진 돈가스는 키
친타올에 올려 기름을 제거하고 한 입
크기로 길쭉하게 썬다.

4

냄비에 물과 시판 쯔유를 2:1 비율로
붓고 양파를 넣어 바글바글 끓인다.

5

양파가 투명해지면 달걀을 붓고 돈가스
를 넣는다. 달걀이 반 정도 익으면 불을
끈다.

6

그릇에 밥을 담고 **5**를 올리고 송송 썬
쪽파를 올린다.

조리시간 30분

꼬막 비빔밥

꼭 한 번 맛보고 싶었던 꼬막 비빔밥 집에서 만든다.

준비하기

꼬막 500g
청양고추 2개
쪽파 2대
청주 2큰술

양념장

간장 5큰술
고춧가루 2큰술
올리고당 1큰술
설탕 1큰술
맛술 1큰술
참기름 1큰술

다진 마늘 1큰술
매실액 1큰술
꼬막 삶은 물 2큰술
깨 조금

TIP

· 물 5컵에 소금 1큰술(물 : 소금 = 5 : 1)을 넣은 소금물에 꼬막을 넣고 검은 비닐봉지를 덮어 약 30분~1시간 정도 두면 해감이 된다.
· 꼬막은 너무 오래 삶으면 질겨지니 꼬막의 입이 3~4개씩 벌어지면 건져낸다. 꼬막 뒷부분에 숟가락을 넣어서 비틀면 껍질을 쉽게 깔 수 있다.
· 양념된 꼬막살과 함께 먹을 거라서 너무 짜지 않게 간을 보면서 양념장을 가감한다.

1 양념장 재료를 골고루 섞어서 양념장을 준비한다.

2 청양고추와 쪽파를 송송 썬다.

3 꼬막이 잠기도록 물을 넉넉히 붓고 센 불로 끓인다. 물이 끓어오를 때 청주 2큰술을 넣고 해감한 꼬막을 넣은 후 국자는 한 방향으로 저어가며 2분간 삶는다. 꼬막은 한 김 식힌 후 껍질을 깐다.

4 꼬막에 양념장 1/2과 청양고추, 참기름을 넣고 골고루 잘 버무린다.

5 4의 꼬막살은 1/3을 덜어내 접시에 담고 남은 꼬막살과 나머지 양념장에 밥과 참기름을 넣어 골고루 비빈다.

6 넓은 접시에 꼬막과 비빔밥을 담고 쪽파와 깨를 뿌린다.

감자 수제비

비오는 날에는 뜨끈뜨끈한 수제비 한 그릇

조리시간 30분

준비하기

감자 1개
애호박 1/2개
대파 1/2대
국간장 1큰술
참치액 1큰술
소금 조금

반죽

밀가루 3컵(중력분)
물 1컵
식용유 1큰술
소금 1꼬집

육수(1.5L)

물 10컵(2L)
디포리 5마리
다시마 3장
파 뿌리 2개

양념장

고춧가루 1큰술
간장 3큰술
다진 마늘 1큰술
생수 1큰술
다진 파 2큰술
참기름 1큰술
깨 1큰술
설탕 1큰술

TIP

· 반죽할 때 식용유 1큰술을 넣어서 오랜 시간 치대면 반죽이 쫄깃하다.

1
반죽 재료는 모두 섞어 약 20분간 치댄다.

2
1의 반죽을 비닐 팩에 싸서 냉장고에서 30분 정도 휴지시킨다.

3
양파는 채 썰고 파는 송송 썰고, 감자는 한 입 크기로 큼지막하게 썰고 애호박은 반달 썰기 한다.

4
양념장 재료는 골고루 섞어서 양념장을 준비한다.

5
육수를 붓고 끓으면 감자와 양파를 넣는다. 감자가 반쯤 익었을 때 **2**의 반죽을 얇게 떼서 넣는다.

6
수제비가 거의 익으면 애호박과 대파를 넣는다. 국간장과 참치액을 넣고 싱거우면 소금으로 간한다.

순대국

구수하고 감칠맛이 일품인 순대국

준비하기	다대기	부추 양념
냉동 순대 1팩	고춧가루 3큰술	액젓 1큰술
시판 사골곰탕 2팩	다진 마늘 1큰술	설탕 1/2큰술
부추 150g	국간장 1큰술	고춧가루 1큰술
대파 1/2대	멸치 액젓 1큰술	
들깨가루 조금	맛술 1큰술	
새우젓 조금	육수 1큰술	
후추 조금	다진 생강 조금	
	후추 조금	

TIP

· 냉동 순대나 분식점에서 구입한 순대는 익히는 시간만 달리하면 되기 때문에 상황에 맞게 준비한다.

1 순대는 3~4cm 두께로 썬다.

2 다대기 재료를 골고루 섞어서 다대기를 준비한다.

3 부추는 5cm 정도 크기로 썰고, 부추 양념 재료를 넣고 살살 버무린다.

4 대파도 송송 썬다.

5 시판 사골곰탕을 뚝배기에 붓고 바글바글 끓기 시작하면 **1**의 순대를 넣는다.

6 순대가 적당히 익으면 대파를 넣고 불을 끈다. 기호에 따라 새우젓, 후추, 들깨가루를 곁들인다.

참치 채소죽

남은 찬밥 활용 요리

조리시간 30분

준비하기

찬밥 1과 1/2공기	호박 1/2개
다시마 육수 3컵(600ml)	양파 1/2개
참치 통조림 1개	참기름 2큰술
당근 1/2개	소금 조금

TIP

· 오래 끓이면 식감이 부드러워지기 때문에 살짝 크게 다진다. 기호
  에 따라 버섯, 대파 등 냉장고 자투리 채소를 활용하면 좋다.

· 센 불에서 끓이면 잘 타기 때문에 중약불이나 약불에서 뭉근하게
  끓인다. 어느 정도 끓으면 밥이 퍼지면서 질감이 되직해지기 시작
  한다.

· 밥알이 더 퍼지는 게 좋으면 오래 끓이고 이때 모자라는 육수는 계
  속 추가해서 끓인다.

1

참치는 체에 받쳐 기름을 제거한다.

2

양파, 애호박, 당근은 잘게 다진다.

3

냄비에 참기름을 두르고 중불에서 당
근, 양파, 애호박을 넣어서 약 2분간 볶
는다.

4

3에 육수를 붓고, 찬밥 1과 1/2공기를
넣고 센 불에서 끓인다.

* 다시마 육수는 75쪽 참고

5

육수가 바글바글 끓으면 약불로 줄이고
약 10분간 바닥에 눌러 붙지 않게 살살
저어가면서 밥알이 퍼지도록 끓인다.

🔥🔥🔥 ➡ 🔥🔥🔥

6

어느 정도 밥알이 퍼져서 부드러워졌다
생각이 들면 기름을 뺀 **1**의 참치를 넣
고 섞는다. 불을 끄고 참기름을 두르고
소금으로 간한다.

중국식 달걀 볶음밥

파 송송 달걀 탁, 중국집이 부럽지 않은 중국식 달걀 볶음밥

준비하기

찬밥 2공기
달걀 2개
대파 1대
식용유 5큰술
소금 조금

TIP

· 뜨거운 밥보다 찬밥을 사용해야 맛이 좋다.

1 달걀에 소금 간을 해서 잘 푼다.

2 달군 팬에 식용유를 넉넉하게 5큰술 정도 두르고 달걀을 붓는다. 달걀이 1/3 정도 익으면 저어서 스크램블을 한다.

3 찬밥을 넣고 밥알을 잘 풀면서 달걀과 잘 섞이게 볶는다.

4 대파를 넣고 골고루 섞은 뒤 모자란 간은 소금으로 한다.

날치알밥

톡톡 터지는 식감이 예술, 누룽지 긁어먹는 재미까지

조리시간 15분

준비하기

밥 1과 1/2공기   청주 2큰술
날치알 3큰술   무순 조금
신 김치 1컵
단무지 3줄
통조림 햄 1/2개
맛살 3개
오이 1/2개
당근 1/4개

김치 양념

설탕 1/2큰술
참기름 조금

TIP

· 날치알에 식초, 청주, 레몬즙을 넣어서 담가두면 비린 맛이 줄어든다.

· 김치를 적게 넣으면 싱거우니 넉넉하게 준비한다.

· 통조림 햄은 가볍게 한 번 볶는다.

1

물에 청주 2큰술을 넣고 날치알을 5분 간 담갔다가 체에 밭쳐 물로 헹군다.

2

잘게 다진 신 김치에 김치 양념을 넣고 버무린다.

3

오이는 가운데 씨 부분은 빼고 잘게 썰고 단무지, 맛살, 통조림 햄, 당근도 잘게 썬다.

4

뚝배기에 참기름을 골고루 바른다.

5

뚝배기에 밥을 담고, **1, 2, 3**의 준비한 재료를 가지런히 올린다.

6

센 불에 올려 탁탁 소리가 나면 중약불로 낮춰서 10분간 가열하고 마지막으로 무순을 올려 마무리한다.

햄 돈부리 덮밥

통조림 햄을 활용한 한 그릇 요리

준비하기

밥 1공기
통조림 햄 1개(200g)
양파 1개
쪽파 3대
달걀 2개
물 1/2컵(100ml)
쯔유 1/4컵(50ml)
식용유 1큰술

TIP

· 통조림 햄은 끓는 물에 데치면 불순물도 빠지고 짠맛도 줄어들어 맛이 훨씬 담백하다.
· 쯔유와 물의 비율은 간을 보면서 조절하고 쯔유가 없으면 설탕 : 간장 : 물을 1 : 2 : 6의 비율로 넣는다.

1 통조림 햄은 먹기 좋은 크기로 6등분 하고, 양파는 얇게 채 썰고 쪽파는 송송 썬다.

2 통조림 햄은 끓는 물에 살짝 데쳐서 준비한다.

3 달군 팬에 식용유를 1큰술 두르고 통조림 햄을 앞뒤로 노릇노릇하게 굽는다.

4 통조림 햄을 구운 기름에 양파를 볶아 반쯤 익으면 쯔유와 물을 붓고 중불에서 1분간 익힌다.

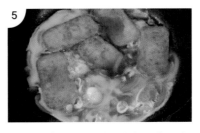

5 통조림 햄을 넣고 약불에서 끓이고 달걀을 가장자리에 두른 후 불을 끈다.

6 그릇에 밥을 담고 5를 올린다.

해물 볶음우동

해물과 우동을 맛있게 볶아낸 우동

준비하기

우동면 1개
오징어 몸통 1마리
새우 5마리
양배추 1/8개
양파 1/2개
숙주 한 줌
다진 마늘 1큰술
고추기름 조금

소스

굴소스 2큰술
간장 1큰술
올리고당 1큰술
맛술 1큰술
후추 조금

조리시간 20분

1 양파와 양배추는 먹기 좋은 크기로 송송 썬다.

2 새우는 깨끗이 씻어 꼬리를 제외한 나머지 머리, 껍질, 내장을 제거한다.

3 오징어는 끓는 물에 살짝 데쳐서 먹기 좋게 썬다.

4 달군 팬에 고추기름을 두르고 다진 마늘을 넣어 볶는다. 마늘향이 올라오기 시작하면 채소를 모두 넣어 볶다가 오징어와 새우를 넣고 볶는다.

5 새우가 익으면 우동면을 넣고 분량의 소스 재료를 넣고 골고루 볶는다.

6 숙주를 넣고 재빨리 섞은 뒤 후추를 넣어 불을 끈다.

가지밥

가지와 소고기가 들어가 영양 듬뿍, 맛 좋은 냄비 밥 요리

준비하기	고기 밑간	양념장
쌀 2컵	맛술 1큰술	간장 3큰술
물 1과 1/2컵	간장 1큰술	설탕 1큰술
가지 2개	후추 조금	고춧가루 1큰술
소고기 150g		다진 파 1큰술
대파 1대		다진 마늘 1큰술
간장 1큰술		참기름 1/2큰술
식용유 1/4컵		깨 1큰술

TIP

· 쌀 1컵당 가지 1개를 사용하면 적당하다. 가지는 1.5cm 이상 도톰
하게 썰어야 밥을 지었을 때 가지가 뭉개지지 않는다.
· 기름이 뜨거워지기 전에 파를 미리 넣어야 파기름이 더 잘 우러난다.

1

쌀을 찬물에 30분간 불리고, 소고기는
고기 밑간 재료를 넣고 10분간 재운다.

2

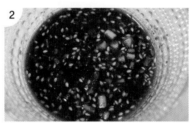

양념장 재료를 골고루 섞어서 양념장을
준비한다.

3

가지는 깨끗하게 씻어서 꼭지를 제거
한 후 반으로 잘라 두툼하게 반달 썰기
한다.

4

팬에 식용유를 둘러 파기름을 내고 파
향이 올라오면 중불에서 소고기를 볶는
다. 고기가 익으면 가지를 넣고 센 불에
서 볶다가 냄비 가장자리 부분에 간장
을 넣고 숨이 죽을 때까지 볶는다.

5

냄비에 불린 쌀을 넣고 **4**의 볶은 가지
를 올린다. 뚜껑을 열고 센 불에서 끓이
다가 끓어오르면 뚜껑을 덮고 중불에서
5분, 약불에서 10분, 불을 끄고 10분
간 뜸 들인다. 양념장과 곁들여 낸다.

◊◊◊ ➡ ◊◊◊

함박 스테이크

함박 스테이크 소스까지 완벽하게

조리시간 40분

준비하기

소고기 다진 것 200g
돼지고기 다진 것 200g
양파 1개
버터 1큰술
물 3큰술

고기 반죽

달걀노른자 1개
빵가루 5큰술
밀가루 1큰술
다진 마늘 1작은술
우스터 소스 1큰술
오레가노 조금
후추 조금
소금 조금

소스

양파 1/2개
양송이버섯 3개
버터 1큰술
물 1컵
우스터 소스 4큰술
케첩 2큰술
레드와인 2큰술
올리고당 1큰술
후추 조금

TIP

· 소고기로 함박 스테이크를 만들면 식감이 퍽퍽할 수 있는데. 돼지 고기를 섞어서 만들면 부드럽게 즐길 수 있다. 이 레시피에서는 고 기를 1:1 비율로 섞어서 만들었는데 각자의 취향에 맞춰서 비율을 조절한다.

· 볶은 양파를 바로 넣어서 섞으면 양파의 열로 고기가 익을 수 있어 서 양파는 식혀서 넣는다.

· 빵가루는 반죽이 잘 뭉칠 수 있게 접착제 역할을 하기에 반죽이 너 무 질다고 생각되면 빵가루를 조금 더 추가한다.

· 구웠을 때 가운데 부분이 부풀어 올라서 가장자리가 잘 안 익는 경 우가 많은데 굽기 전에 가운데 부분을 미리 누르면 고기가 골고루 익는다.

· 젓가락으로 찔렀을 때 맑은 물이 나오면 다 익은 것이고 핏물이 나 오면 더 익힌다.

1

소고기와 돼지고기는 키친타올로 꾹꾹 눌러 핏물을 제거한다.

2

양파는 곱게 다진다. 달군 팬에 버터를 녹인 후 중불에 다진 양파를 넣어 달달 볶다가 약불로 줄이고 갈색으로 변할 때까지 볶는다. 🔥🔥🔥 ➡ 🔥🔥🔥

3

볼에 **1, 2**와 고기 반죽 재료를 넣고 재료가 골고루 섞이게 치댄다.

4

잘 치댄 고기 반죽은 일정한 크기로 떼어내 약 2~3cm 정도의 두께로 동그랗게 빚어 모양을 만든다. 반죽은 가운데 부분을 살짝 눌러준다.

5

달군 팬에 식용유를 넉넉하게 두르고 중불에서 노릇하게 익힌다. 옆면을 봤을 때 절반 정도 익으면 뒤집어서 나머지 한 면을 익힌다.

6

중약불로 줄이고 물 3큰술을 넣어 뚜껑을 덮는다. 속이 다 익었으면 다시 불을 올려서 겉면을 한 번 더 노릇하게 익힌다. 🔥🔥🔥

7

양파는 얇게 채 썰고 양송이버섯은 모양대로 편 썬다. 중약불로 달군 팬에 버터를 녹이고 양파와 양송이버섯을 넣고 1분간 볶은 뒤 나머지 소스 재료를 넣고 걸쭉해질 때까지 졸인다. 후추를 뿌리고 불을 끈다.

8

6의 고기에 완성된 소스를 끼얹는다. 기호에 따라 달걀프라이나 치즈를 곁들인다.

게살 스프

맛있게 간단하게 뚝딱 만든다.

조리시간 10분

준비하기	육수	전분물
크래미 100g	물 2컵	전분가루 1큰술
팽이버섯 1/4팩	액상 치킨스톡 1큰술	물 2큰술
달걀흰자 1개		
굴소스 1/2큰술		
파 조금		
참기름 조금		
소금 조금		
후추 조금		

1
크래미는 잘게 찢고, 팽이버섯은 반으로 자른 뒤 먹기 좋게 찢는다. 쪽파는 송송 썬다.

2
물에 치킨스톡을 넣고 중불에서 육수 재료를 넣어 끓인다.

3
육수가 끓어오르면 크래미와 팽이버섯을 넣는다. 굴소스, 소금, 후추를 넣어 간을 맞추고 달걀흰자를 넣고 젓는다.

4
약불로 낮추고 전분물을 넣어서 농도를 맞춘다. 🔥🔥🔥 ➡ 🔥🔥🔥

5
파를 넣어 가볍게 섞고 참기름을 두른 후 불을 끈다.

명란 파스타

명란으로 즐기는 특별한 요리

준비하기

스파게티면 80g	소금 조금
명란젓 40g	후추 조금
생크림 1컵(200ml)	김가루 조금
우유 1/2컵(100ml)	
마늘 5개	
페퍼론치노 5개	
쪽파 2대	
체더 치즈 1장	

스파게티 삶기

물 5컵(1L)
소금 1큰술

1 마늘은 편 썰고 쪽파는 송송 썬다.

2 명란은 알막을 제거하고 알만 준비한다.

3 면은 익힘 시간보다 2~3분 덜 삶는다.

4 팬에 올리브유를 두르고 **1**의 마늘과 페퍼론치노를 넣고 볶는다. 마늘향이 올라오면 생크림과 우유를 붓고 끓인다.

5 바글바글 끓어오르면 스파게티면을 넣고 2~3분간 끓인다. **2**의 명란은 1/2만 넣고 살짝 젓는다.

6 치즈를 넣고 녹으면 소금과 후추로 간하고 남은 명란과 김가루, 쪽파를 고명으로 올린다.

매일
반찬

양념 깻잎

향긋하니 밑반찬으로 딱 좋다.

준비하기

깻잎 50장
대파 1대(흰 부분)
양파 1/2개
당근 1/4개
청양고추 1개
홍고추 1개

양념장

고춧가루 3큰술
간장 5큰술
멸치 액젓 3큰술
매실청 1큰술
마늘 1큰술
물엿 1큰술

물 3큰술
참기름 1/2큰술
깨 조금

TIP

· 깻잎은 잎 앞부분은 짙은 녹색을 띠고 뒷부분은 보라색을 띠는 것이 향이 진하며, 줄기가 마르지 않고 크기가 일정한 것이 좋다.

· 깻잎을 한 방향으로만 쌓는 것보다 한 끼 분량씩 나눠서 교차하여 쌓아주면 좋다. 나중에 깻잎 숨이 죽으면 밑 부분이 짜지므로 윗부분으로 갈수록 양념장을 많이 올린다. 생으로 만들기 때문에 한 번에 많이 만드는 것보다 먹을 만큼 조금씩 자주 만들어 먹는다.

1

깻잎은 물에 5~10분간 담갔다가 흐르는 물에 한 장 한 장 깨끗하게 씻는다. 줄기를 자르고 체에 밭쳐 물기를 뺀다.

2

양념장 재료를 골고루 섞어서 양념장을 만든다.

3

당근, 양파는 얇게 채 썰고 대파와 고추는 송송 썬다.

4

2, 3을 버무린다.

5

깻잎 두 장을 겹쳐서 깔고 양념장을 적당히 발라주기를 반복한다.

무생채

절이지 않고 새콤달콤 초간단하게 만든다.

조리시간 10분

준비하기

무 500g   다진 마늘 1큰술
쪽파 2대   참기름 1/2큰술
고춧가루 3큰술   깨 조금
멸치 액젓 2큰술
설탕 2큰술
식초 2큰술

TIP

· 무는 부위별로 다른 맛을 가지고 있는데 무의 무청 바로 밑 초록 부분이 단단하고 단맛이 나기 때문에 생채나 김치용으로 좋다.
· 무에 고춧가루를 먼저 넣어 버무리면 무에 붉은색이 선명하게 물든다.

1

무는 깨끗하게 씻어서 껍질을 벗기고 일정한 크기로 얇게 썬다.

2

쪽파는 송송 다진다.

3

무에 고춧가루를 넣어서 버무린다.

4

쪽파, 다진 마늘, 액젓, 매실청, 설탕을 넣고 무친다.

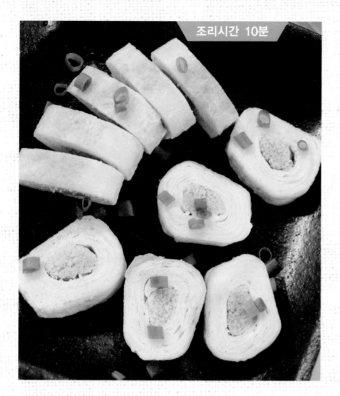

명란 달걀말이

부드러운 달걀 속에 짭짤한 명란이 쏘옥

준비하기

달걀 4개
명란젓 1토막
맛술 1큰술
설탕 1꼬집
쪽파 조금
식용유 조금

TIP

· 명란젓이 짭조름하니 간은 따로 하지 않는다.
· 명란젓의 염도에 따라서 양을 조절한다.

1

달걀은 덩어리지지 않게 잘 풀고 체에 내려서 알끈을 제거한다. 맛술과 설탕을 넣어서 잘 섞는다.

2

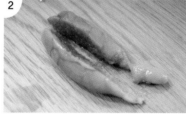

명란젓은 반으로 자른다.

3

팬에 기름을 두르고 키친타올로 코팅하듯 닦아낸다. 달걀물을 1/4정도 붓고 약불에서 익힌다.

4

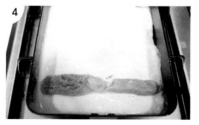

달걀물 위에 명란을 올리고 달걀이 70%정도 익으면 돌돌 말아준다.

5

남은 달걀물을 조금씩 부어가며 약불에서 타지 않게 말아준다.

6

한 김 식힌 다음 먹기 좋은 크기로 썬다.

파절이

새콤달콤 느끼한 고기의 맛을 잡아주는 파채 무침

조리시간 10분

준비하기	양념장
파채 150g	고춧가루 2큰술
참기름 1큰술	식초 2큰술
	진간장 2큰술
	매실청 1큰술
	설탕 1큰술

TIP

· 파채 칼을 이용하면 채 썰기가 쉽다.
· 파를 그냥 먹으면 맵고 아린 맛이 나기 때문에 찬물에 담가 매운맛
을 뺀다.

1

파의 중간 부분을 잘라서 펼친 뒤 세로
로 돌돌 말아서 얇게 썬다.

2

찬물에 10분간 담군 뒤 물기를 제거
한다.

3

양념장 재료를 골고루 섞어서 양념장을
준비한다.

4

파채에 **3**의 양념장을 넣어서 버무린다.
마지막으로 참기름을 두른다.

부추 달걀 볶음

초간단 후다닥 만드는 중국식 달걀 볶음

준비하기

부추 한 줌
달걀 3개
굴소스 1큰술
참기름 조금
식용유 넉넉히

TIP

· 뜨거운 팬에 달걀물을 부으면 순간적으로 확 부풀어 오르는데 이 때 바로 젓가락으로 휘젓는다.

1 부추는 약 5cm 길이로 썬다.

2 달걀은 잘 푼다.

3 팬에 식용유를 넉넉하게 두르고 연기가 올라올 만큼 아주 뜨겁게 달군다. 센 불에서 달걀을 넣고 스크램블 한다.

4 부추와 굴소스를 넣어 볶는다.

5 불을 끄고 참기름을 둘러 뒤적인다.

공심채 볶음

동남아에서 먹던 맛 그대로 만든다.

조리시간 10분

준비하기

공심채 1단(200g)
다진 마늘 1큰술
베트남 고추 5개
굴소스 1큰술
멸치 액젓 1큰술
설탕 1/2큰술

TIP

· 공심채는 줄기 속이 대나무처럼 비어있어 속이 빈 채소라는 뜻을
  가지고 있다. 겉보기에는 미나리와 비슷하게 생겼지만 비타민과
  섬유질이 시금치의 몇 배가 들어있고 피부 미용에도 아주 효과가
  좋다.

1 공심채는 깨끗하게 씻어 물기를 빼고 4cm 길이로 자른다. 줄기와 잎을 따로 분리한다.

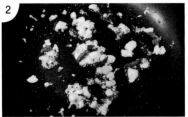

2 달군 팬에 식용유를 두르고 중불에서 다진 마늘과 베트남 고추를 볶는다.

3 마늘향이 올라오기 시작하면 공심채 줄기 부분만 먼저 넣어서 볶는다.

4 살짝 숨이 죽으면 굴소스, 액젓, 설탕을 넣고 골고루 섞는다.

5 잎 부분을 넣고 센 불에서 휘리릭 볶는다. 🔥🔥🔥 ➡ 🔥🔥🔥

오이 무침

새콤달콤 아삭아삭한 초간단 집 반찬

준비하기	오이절임	양념장
오이 2개	소금 1큰술	고추장 1/2큰술
양파 1/4개		고춧가루 2큰술
소금 1/2큰술		간장 1큰술
참기름 조금		다진 마늘 1작은술
깨소금 조금		식초 2큰술
		매실액 1큰술
		설탕 1큰술

TIP

· 오이를 소금에 절인 뒤 무쳐내면 간이 잘 배고 물기가 생기지 않는
  다. 오래 두었다가 먹을 거면 소금에 절이는 것이 좋다.

1 오이는 굵은 소금으로 문질러서 깨끗하게 씻어준 뒤 0.5cm 두께의 반달 모양으로 썬다.

2 오이에 소금을 넣고 10분간 절인 뒤 흐르는 물에 가볍게 씻어 물기를 털어낸다.

3 양파는 채 썰고, 매운맛을 없애기 위해 찬물에 잠시 담가둔다.

4 분량의 양념 재료를 섞어 양념장을 만든다.

5 오이, 양파, 4의 양념장을 넣고 살살 무친 후 참기름으로 마무리한다.

항정살 간장 조림

파채와 함께 곁들여 먹으면 맛있는 항정살 요리

조리시간 20분

준비하기	항정살 밑간	양념장
돼지고기 항정살 300g	소금 조금	간장 2큰술
청주 2큰술	후추 조금	올리고당 2큰술
참기름 1/2큰술		굴소스 1큰술
파채 조금		맛술 2큰술
		다진 마늘 1큰술
		생강즙 1큰술
		물 5큰술

1 항정살에 밑간 재료를 버무려 10분간 재운다.

2 분량의 양념장 재료를 섞어 양념장을 만든다.

3 파채는 찬물에 10분간 담가 매운맛을 뺀다.

4 뜨겁게 달군 팬에 1의 항정살을 올리고 앞뒤로 살짝만 굽는다.

5 고기에 양념이 골고루 배게 숟가락으로 소스를 끼얹어가며 중불에서 조린다.

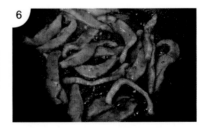

6 양념이 자작해지기 시작하면 약불로 줄이고 소스가 조금 남을 때까지 더 조린다. 참기름을 두르고 가볍게 섞는다.

🔥🔥🔥 ➡ 🔥🔥🔥

꽈리고추찜

찹쌀가루를 묻혀 쫀득, 입맛 돋우는 반찬

준비하기	양념장
꽈리고추 200g	간장 3큰술
찹쌀가루 3큰술	고춧가루 1과 1/2큰술
	다진 마늘 1/2큰술
	매실청 1큰술
	참기름 1/2큰술

TIP

· 꽈리고추는 윤기가 흐르는 녹색을 띄면서 크기가 작고 표면이 쭈글쭈글한 것이 신선하고 맛이 좋다.

· 고추에 구멍을 내면 쪘을 때 속까지 잘 익고 양념도 골고루 밴다.

1

꽈리고추는 상단 꼭지 부분을 제거하고 흐르는 물에서 하나씩 깨끗하게 씻는다.

2

포크로 콕콕 찍어서 중간 중간 구멍을 낸다.

3

봉지에 찹쌀가루 3큰술을 넣고 물기가 남아 있는 상태의 꽈리고추를 봉지에 넣어서 골고루 흔든다.

4

찜기에 젖은 면보를 깔고 물이 끓어오르면 3의 꽈리고추를 올린 후 뚜껑을 닫은 채 중불에 약 4분간 찐다.

5

분량의 양념 재료를 섞어 양념장을 만든다.

6

꽈리고추를 한 김 식힌 후 양념장을 넣고 골고루 버무린다.

멸치 볶음

몸에 좋은 견과류가 듬뿍, 달콤짭짤 고소한 반찬

조리시간 15분

준비하기

멸치 100g
아몬드 200g
호두 100g
설탕 1큰술
깨 조금

양념

간장 1큰술
식용유 2큰술
물엿 2큰술
맛술 2큰술
참기름 1/2큰술

TIP

· 멸치를 마른 팬에 볶으면 비린내가 없어지고 식감이 바삭해진다.
· 올리고당은 윤기를 더하고 설탕을 넣으면 바삭바삭한 식감을 만든다.

1

마른 팬에 멸치를 넣고 중불로 5분간 볶아 수분을 날린다. 체에 밭쳐 잔가루를 털어낸다.

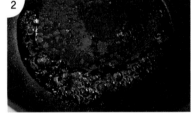

2

간장, 식용유, 물엿, 맛술을 넣고 끓인다.

3

양념이 끓어오르면 멸치와 견과류를 넣고 골고루 섞는다.

4

설탕 1큰술을 넣는다.

5

참기름과 깨로 마무리한다.

조리시간 20분

황태 양념구이

밥 반찬으로 좋은 촉촉하고 부드러운 황태구이

준비하기

황태포 1마리
쪽파 2대
찹쌀가루 1/3컵
깨 조금
식용유 조금

양념

고추장 2큰술
고춧가루 1큰술
간장 1큰술
설탕 1큰술
물엿 1큰술
매실청 1큰술
다진 마늘 2큰술
생강즙 1큰술

참기름 1큰술
청주 1큰술
후추 조금

유장

참기름 1큰술
간장 1작은술

TIP

· 껍질 쪽에 칼집을 넣어주면 구웠을 때 오그라들지 않는다.
· 양념장을 바르기 전에 초벌구이한 황태포에 찹쌀가루를 묻혀서 구우면 양념이 잘 밴다.

1

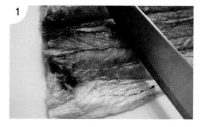

황태포는 흐르는 물에 씻어준 뒤 물에 10분간 불린다. 불린 황태는 물을 꼭 짜준 뒤 잔가시와 지느러미를 제거하고 껍질 쪽에 X자로 칼집을 넣는다.

2

분량의 양념 재료를 섞어 양념을 만든다.

3

황태포에 유장을 골고루 바른 후 기름을 두르지 않은 팬에 살 쪽부터 넣어 약불에서 앞뒤로 초벌구이 한다.

4

3의 황태에 찹쌀가루를 골고루 묻히고 달군 팬에 식용유를 넉넉히 두른 후 약불에서 앞뒤로 굽는다.

5

황태포에 양념을 2/3만 발라주고 앞뒤로 굽는다.

6

남은 양념을 골고루 덧발라주면서 앞뒤로 양념이 익을 만큼만 굽는다. 마지막으로 깨와 송송 썬 쪽파를 뿌린다.

소불고기

맛있게 간단하게 뚝딱 만드는 비법

조리시간 30분

준비하기

불고기 300g
대파 1대
당근 1/4개
양파 1개
새송이버섯 2개

양념

간장 6큰술
설탕 2큰술
올리고당 1큰술
다진 마늘 1/2큰술
참기름 1큰술
사과 간 것 2큰술
양파 간 것 2큰술
맛술 2큰술

TIP

· 양파와 사과의 건더기는 제거하고 즙만 넣어주면 깔끔하다.
· 볶을 때 젓가락으로 풀어가면서 볶으면 뭉치지 않고 고르게 익힐 수 있다.

1 소고기는 키친타올로 꾹꾹 눌러 핏물을 제거하고 먹기 좋은 크기로 썬다.

2 분량의 양념 재료를 잘 섞어 양념을 만든다.

3 **1**의 소고기에 **2**의 양념장을 넣고 30분 간 재운다.

4 양파와 당근은 채 썰고 대파는 어슷 썬다. 새송이버섯은 2등분 한 뒤 모양대로 썬다.

5 달군 팬에 **3**의 소고기를 볶고 소고기의 겉면이 익으면 양파, 당근을 넣어서 중불에서 볶는다.

6 양파가 반 정도 익으면 버섯과 대파를 넣어서 1분간 볶는다.

배추전

달달한 겨울철 별미 요리

준비하기	부침 반죽	초간장
알배추 8장	부침가루 1컵	간장 2큰술
식용유 조금	찹쌀가루 1큰술	식초 1큰술
	물 1컵(200ml)	고춧가루 1큰술
		청양고추 1개
		깨 조금

TIP

· 배추는 버리는 부분 없이 모두 요리할 수 있다. 배추 겉잎은 깨끗하게 손질한 후 삶아서 우거지로 만들어 국을 끓여 먹고, 노란 속잎은 쌈을 싸먹거나 데쳐 먹는다. 배추전은 중간 잎으로 만들면 맛있다.

· 두꺼운 줄기를 그냥 구워내면 식감이 딱딱하고 싱거우니 얇게 저민다. 세로 방향으로 칼집을 내주면 골고루 구워진다.

· 작은 배추는 두 장을 붙여서 부친다. 중간 중간 반죽이 묻지 않은 부분에는 반죽을 덧바른다. 식용유를 좀 넉넉히 둘러서 센 불에서 튀기듯이 구워야 맛이 좋다.

1

배추는 깨끗하게 씻어서 밑동을 자른 후 잎을 하나씩 떼서 식초 물에 담근 뒤 흐르는 물에 깨끗이 씻는다.

2

큰 배추는 반으로 가르고 두꺼운 줄기 부분은 칼등으로 두드려 부드럽게 만들거나 포를 뜨듯이 얇게 자른다.

3

세로 방향으로 칼집을 낸다.

4

부침 반죽 재료를 섞어 반죽을 만들고 배추에 반죽을 골고루 입힌다.

5

달군 팬에 식용유를 넉넉하게 두르고 배추를 앞뒤로 노릇하게 굽는다.

6

분량의 초간장 재료를 골고루 섞어 초간장을 만들어 곁들인다.

가지 무침

촉촉하고 부드럽게 즐기는 여름 반찬

준비하기

가지 3개
대파 2큰술
다진 마늘 1/2큰술
국간장 1과 1/2큰술
참기름 1큰술
깨소금 조금

조리시간 15분

TIP

· 가지는 덜 익으면 식감이 질기고 너무 익으면 식감이 흐물거린다.
· 가지는 젓가락으로 찔러서 부드럽게 쑥 들어가는 정도만 찐다.

1
가지는 깨끗하게 씻은 뒤 꼭지를 제거한다. 크기에 따라 3~4등분 하고 반으로 자른다.

2
찜통에 김이 올라오면 가지를 6분간 찐다.

3
찐 가지는 넓은 그릇에 펼쳐 한 김 식힌다. 손으로 살짝 눌러 물기를 가볍게 제거하고 결대로 찢는다.

4
볼에 **3**의 찢은 가지를 넣고 다진 파, 마늘, 국간장을 넣어서 가볍게 무친다. 깨소금과 참기름으로 마무리한다.

마약달걀

밥을 비벼먹으면 두 그릇은 뚝딱

준비하기	양념장
달걀 6개	간장 3/4컵(150ml)
대파 1/2대	물 3/4컵(150ml)
홍고추 1개	설탕 1/2컵(100ml)
청양고추 1개	
다진 마늘 2큰술	

TIP

· 달걀은 6분 ~ 6분 30초간 삶으면 딱 먹기 좋은 반숙란이 된다. 완숙을 좋아하면 약 7분간 삶는다. 삶을 때 한 방향으로 저으면 노른자가 가운데에 있다.

1

달걀은 상온에 30분간 두고 냉기를 뺀다. 끓는 물에 소금과 식초를 넣고 삶는다.

2

삶은 달걀은 바로 찬물에 담구고 한 김 식힌 다음 껍질을 깐다.

3

대파, 마늘, 고추를 잘게 다진다.

4

양념장 재료를 골고루 섞어 양념장을 만든다.

5

4의 양념장에 3의 다진 채소를 넣는다.

6

2의 달걀을 넣고 냉장고에서 하루 동안 숙성시킨다.

간장 어묵 볶음

단짠단짠 맛있는 밑반찬

조리시간 10분

준비하기

어묵 200g
양파 1/2개
당근 1/4개
청양고추 1개
마늘 4개
식용유 1큰술
깨소금 조금

양념

간장 1큰술
올리고당 1큰술
미림 1큰술
참기름 1/2큰술
후추 조금

TIP

· 끓는 물에 어묵을 살짝 데치면 기름기와 몸에 나쁜 불순물이 빠지고 식감이 더 부드럽다. 하지만 너무 오래 데치면 어묵이 물러질 수도 있으니 살짝만 데친다.

· 어묵을 기름에 충분히 볶으면 쫄깃쫄깃한 식감이 살아난다.

1
어묵은 끓는 물에 10초간 데치고 체에 밭쳐 물기를 뺀다.

2
마늘은 편 썰고 당근, 양파, 청양고추는 먹기 좋은 크기로 송송 썬다.

3
양념 재료를 골고루 섞어서 양념을 준비한다.

4
달군 팬에 식용유를 두르고 중약불에서 마늘을 볶은 후 마늘향이 솔솔 올라오기 시작하면 어묵을 넣고 노릇하게 볶는다.

5
3의 양념을 팬 한쪽에 붓고 바글바글 끓어오르면 어묵에 양념이 골고루 배이도록 섞는다.

6
당근과 양파를 넣고 볶는다. 채소가 익으면 불을 끄고 청양고추, 참기름, 후추, 깨소금을 넣고 섞는다.

미역줄기 볶음

비린내 안 나게 맛있게 볶는다.

준비하기

염장 미역줄기 300g	들기름 2큰술
양파 1/2개	식용유 4큰술
당근 1/4개	깨 조금
국간장 1큰술	참기름 조금
다진 마늘 1큰술	
맛술 1큰술	

TIP

· 염장 미역줄기는 소금으로 염장되어서 짠맛을 빼야 한다. 너무 빨리 건지면 짠맛이 나고 오래 담가두면 염분이 빠져서 싱거우며 진액이 나와서 볶아 냈을 때 맛이 없다. 약 30분 정도 담가놓으면 별도의 간을 많이 하지 않아도 간이 딱 맞다.

· 볶는 중간에 물을 2큰술 정도 넣으면 부드럽고 촉촉한 미역줄기 볶음이 된다.

1
염장 미역줄기는 소금을 탈탈 털어내고 물에 3~4번 헹궈 겉에 있는 소금을 씻는다. 물에 약 20~30분 정도 담가서 염분을 빼고 채반에 올려 물기를 제거한다.

2
염분을 뺀 미역줄기는 약 5cm 길이로 썬다.

3
양파와 당근은 채 썬다.

4
달군 팬에 식용유를 넉넉하게 두르고 다진 마늘을 넣어 중약불에서 볶는다. 마늘향이 올라오면 미역줄기를 넣고 중불에서 7분간 볶는다.

5
맛술, 채 썬 당근과 양파를 넣고 약 2분간 더 볶는다. 국간장을 넣어 간을 한다.

6
불을 끄고 들기름과 깨를 뿌린다.

🔥🔥🔥 ➡ 🔥🔥🔥

두부 조림

매콤한 양념장과 고소한 두부의 조합

조리시간 20분

준비하기	양념장
두부 1모	고춧가루 2큰술
양파 1/4개	고추장 1큰술
청양고추 1개	진간장 2큰술
쪽파 3대	올리고당 1큰술
다시마 육수 3컵	다진 마늘 1큰술
소금 조금	후추 조금

1
두부는 먹기 좋은 크기로 썰어서 소금을 뿌려 밑간하고 키친타올에 올려서 물기를 뺀다.

2
양념 재료를 골고루 섞어서 양념장을 준비한다.

3
양파는 채 썰고, 고추와 파는 송송 썬다.

4
달궈진 프라이팬에 식용유를 두르고 두부를 중약불에서 노릇하게 굽는다.

5
냄비에 양파를 깔고 **4**의 두부를 올려 **2**의 양념장을 끼얹기를 반복한다.

6
다시마 육수를 넣고 센 불에서 끓인다. 끓기 시작하면 중불에서 10분간 조리다가 고추와 파를 넣고 마무리한다.

* 다시마 육수는 75쪽 참고

무 조림

매콤 짭조름한 말캉말캉 입에서 녹는다.

준비하기	조림 양념
무 1/2개(600g)	국간장 2큰술
멸치 육수 3컵	양조간장 2큰술
맛술 1큰술	고춧가루 3큰술
청양고추 1개	올리고당 2큰술
대파 1/2대	매실청 1큰술
	다진 마늘 1큰술
	생강가루 1작은술

TIP

· 무를 너무 두껍게 썰면 잘 익지 않고 얇게 썰면 조리는 동안 부서질 수 있으니 일정하고 적당한 두께로 썬다. 두께에 따라 조림 시간이 달라진다.

· 국물이 없는 채로 조리면 밑 부분이 탈 수 있어서 중간 중간 육수를 추가하고 숟가락으로 밑의 양념을 위로 끼얹으면서 국물이 자박해질 때까지 조린다. 뚜껑을 덮고 잔열로 조금 더 익히면 식감이 살캉살캉 더 부드러워 진다. 기호에 따라 들기름을 추가해도 좋다.

1

무는 깨끗하게 씻어서 껍질을 벗기고 2cm 두께의 반달 모양으로 도톰하게 썬다.

2

청양고추와 대파는 송송 썬다.

3

분량의 양념 재료를 골고루 섞어 양념 장을 준비한다.

4

냄비에 무, 청양고추, 대파를 담고 조림 양념을 올린 후 무가 살짝 잠길 만큼 멸치 육수를 붓는다. 끓이다가 육수가 모자라면 추가하면 되니까 처음부터 많이 넣지 않는다.

* 멸치 육수는 21쪽 참고

5

센 불에서 5분간 끓이다가 중약불로 줄이고 뚜껑을 덮은 채로 약 20~30분간 무를 익힌다.

세발나물 무침

오독오독 씹는 식감이 좋은 갯나물

조리시간 10분

준비하기

세발나물 150g
양파 1/4개
당근 1/5개

양념

고춧가루 2큰술
간장 1큰술
멸치 액젓 1큰술
마늘 간 것 1큰술
식초 1큰술
맛술 1큰술

설탕 1/2큰술
매실청 2큰술
깨 2큰술

TIP

· 오돌오돌하게 씹는 맛이 좋은 세발나물은 잎이 둥글고 가늘며 여
러 마디로 뻗어 자라며 갯벌에서 자란다고 하여 갯나물이라고도
불린다.

· 세발나물은 신안과 진도 등지의 갯벌 염분을 먹고 자라는데 나물
자체에 짠맛이 있기 때문에 무쳐낼 때 살짝 싱겁게 간을 하는 것이
좋다.

1

세발나물은 억센 줄기 부분을 떼어내고
깨끗한 물에 여러 번 씻는다. 체에 밭쳐
물기를 제거한다.

2

약 5cm 정도의 길이로 썬다.

3

양파와 당근은 얇게 채 썬다.

4

분량의 양념 재료를 골고루 섞어 양념
을 준비한다.

5

볼에 세발나물, 양파, 당근, **4**의 양념장
을 넣고 조물조물 무친다.

잡채

탱글탱글한 면발에 간이 쏙

준비하기

당면 250g
돼지고기 300g
표고버섯 3개
건 목이버섯 5g
양파 1/2개
당근 1/4개
만가닥버섯 한 줌

시금치 1/2단
납작 어묵 2개
파프리카 1개

시금치 양념

참기름 2큰술
소금 한 꼬집
후추 조금
통깨 조금

잡채 양념

간장 1/2컵(100ml)
설탕 4큰술
식용유 5큰술

돼지고기 양념

간장 1큰술
미림 2큰술
다진 마늘 1큰술

TIP

· 채소는 버섯 → 양파 → 어묵 순으로 각각 볶는다. 재료마다 익히는 시간이 달라서 각각 볶아야 물들지 않고 색감이 예쁘다. 재료를 모두 볶는 시간은 1분을 넘기지 않는다.

· 당면을 간장에 따로 졸이면 당면색도 진하고 간장으로 간을 맞추는 것보다 양념이 겉돌지 않고 맛이 좋다. 혹시나 당면을 덜 불린 상태라면 물을 추가하면서 볶는다.

1

찬물에 당면을 담가 2시간 이상 불린 후 물에 헹궈 전분을 씻어낸 뒤 체에 밭쳐서 물기를 제거한다. 시간이 없다면 미지근한 물에 30분 이상 불린다.

2

시금치는 끓는 물에 소금 1큰술을 넣고 약 10초간 데치고 찬물에 씻은 뒤 물기를 짠다. 소금 한 꼬집과 참기름을 넣고 무친다.

3

파프리카는 채 썰고 당근, 양파도 채 썬다. 어묵은 짧은 길이에 맞게 썰고 불린 목이버섯은 반으로, 표고버섯과 만가닥버섯은 먹기 좋게 썬다. 파프리카를 뺀 채소는 센 불에 살짝 볶는다.

4

돼지고기에 양념을 버무려 밑간한다. 마른 팬에 돼지고기를 넣고 물기가 없어지도록 바싹 볶는다.

5

당면 양념을 팬에 넣고 센 불에서 바글바글 끓인다. 양념이 끓어오르면 당면을 넣고 5분간 조리고, 양념장이 자작해지면 중불로 낮추고 양념장이 없어질 때까지 볶는다. 다 조린 당면은 접시에 담고 쫙 펼쳐서 한 김 식힌다.

6

3의 볶은 재료와 **5**의 당면을 넣고 무친다. 먹기 전에 한 번 더 볶는다.

분식과 간식

조리시간 10분

소떡소떡

휴게소 인기 간식, 줄서서 기다리지 말고 집에서 편하게 먹는다.

준비하기

비엔나 소시지 4개
가래떡 6개
케첩 조금
머스터드 소스 조금

TIP

· 소시지와 떡의 굵기가 비슷해야 보기에도 좋고, 구울 때 골고루 노릇노릇하게 구워진다.

1
끓는 물에 떡이 말랑해질 때까지 데친다.

2
소시지는 칼집을 내서 데친다.

3
꼬치에 떡과 소시지를 번갈아가면서 끼운다.

4
달군 팬에 기름을 넉넉하게 두르고 앞뒤로 튀기듯이 노릇노릇하게 굽는다.

마약김밥

톡 쏘는 겨자 소스가 매력적이야.

조리시간 30분

준비하기	밥 밑간	겨자 소스
밥 3공기	깨소금 1/2큰술	연겨자 1큰술
김 8장	참기름 1큰술	간장 1큰술
당근 1/4개	소금 조금	식초 1큰술
달걀 5개		설탕 1큰술
김밥용 단무지 6개		물 2큰술
소금 조금		
참기름 조금		
식용유 조금		
깨 조금		

TIP

· 달걀말이나 지단은 살짝 식힌 뒤 잘라주면 잘 부서지지 않는다.

· 겨자 소스에 찍어 먹을 거라서 많이 짜지 않게 간을 한다.

1
달걀은 소금 간을 하고 곱게 풀어 기름을 두른 팬에 얇은 지단을 여러 장 부친 뒤 돌돌 말아서 가늘게 채 썬다.

2
중불로 달군 팬에 들기름을 조금 두르고 채 썬 당근과 소금을 살짝 넣고 2분간 익힌다.

3
단무지는 김밥의 길이에 맞춰서 반으로 자른다.

4
밥에 깨소금, 참기름, 소금을 조금 넣고 골고루 섞어서 밑간한다.

5
2등분 한 김을 깔고 밥을 고루 펴 얇게 깐 후 당근, 단무지, 달걀을 올려 돌돌 말아준다.

6
분량의 재료를 넣어 겨자 소스를 만들고 김밥과 함께 곁들인다.

조리시간 20분

빨간 어묵

쌀쌀한 날에 생각나는 매운 어묵

준비하기

사각어묵 8장
멸치 육수 3컵
쪽파 2대

양념

고추장 1큰술
고춧가루 2큰술
간장 2큰술
참치액 1큰술
다진 마늘 1/2큰술
설탕 1큰술
물엿 2큰술
맛술 1큰술
후추 조금

TIP

· 참치액이 없으면 멸치 액젓이나 국간장으로 대체하면 된다. 단맛은
  물엿으로 조절한다.
· 어묵은 최대한 얇은 걸로 써야 나무젓가락에 꿰었을 때 잘 터지지
  않는다.
· 부드러운 식감을 좋아하면 어묵이 퍼지도록 더 익히고 탱탱한 식감
  을 좋아하면 어느 정도 익었을 때 불을 끈다.

1

분량의 양념 재료를 섞어 양념을 만
든다.

2

어묵은 물결 모양으로 나무젓가락에
촘촘하게 끼운다.

3

육수에 **1**의 양념을 풀고 센 불에 팔팔
끓인다.

* 멸치 육수는 21쪽 참고

4

양념이 끓기 시작하면 중약불로 낮추
고 어묵을 넣는다.

🔥🔥🔥 ➡ 🔥🔥🔥

5

양념이 골고루 배일 수 있도록 한 번씩
앞뒤로 뒤집어주고 국물을 끼얹어가
며 약 10분간 끓인다. 쪽파를 뿌려 마
무리한다.

비빔당면

새콤달콤 한 번 먹으면 멈출 수 없는 맛

조리시간 15분

준비하기	양념장	시금치 양념
당면 50g	고춧가루 2큰술	국간장 1작은술
시금치 1단	고추장 1큰술	소금 1/3작은술
사각어묵 2장	간장 2큰술	참기름 1큰술
김밥용 단무지 2개	식초 1큰술	
소금 1큰술	맛술 1큰술	
	매실액 1큰술	
	올리고당 2큰술	
	다진 마늘 1큰술	
	다진 파 1큰술	
	깨 1/2큰술	

1

단무지와 어묵은 길게 채 썰고 어묵은 끓는 물에 데쳐 불순물을 뺀다.

2

끓는 물에 소금 1큰술을 넣고 시금치를 뿌리부터 넣어 30초간 데친다. 찬물에 헹군 뒤 손으로 물기를 꼭 짜고 시금치 양념을 넣어 버무린다.

3

분량의 양념장 재료를 섞어 양념장을 만든다.

4

당면은 끓는 물에 6분간 삶아서 찬물에 헹궈 물기를 뺀다.

5

그릇에 당면을 담고 어묵, 단무지, 시금치, **3**의 양념장을 올린다.

멘보샤

식빵에 새우가 쏙 중국식 새우 토스트

준비하기

식빵 5장
새우 15마리(200g)
식용유 넉넉히

새우 반죽

전분가루 2큰술
달걀흰자 1개
액상 치킨스톡 1작은술
식용유 1큰술
맛술 1/2큰술
소금 1꼬집
후추 조금

소스

케첩 3큰술
식초 1큰술
굴소스 1/2큰술
다진 마늘 1큰술
다진 할라피뇨 1큰술
설탕 1큰술

TIP

· 빵을 넣었을 때 기름 기포가 끓어오르면서 바로 색이 나지 않는 온도가 좋다. 색이 노릇노릇해지기 시작하고 한 면이 익으면 양쪽을 뒤집으면서 천천히 골고루 튀긴다.

· 새우 살을 잘게 다지면 부드럽고 크게 다지면 탱글탱글한 식감을 느낄 수 있다. 그래서 반은 살짝 크게 다지고 반은 잘게 다져서 섞으면 두 가지를 식감을 동시에 느낄 수 있다.

1

식빵은 테두리를 자르고 4등분 한다. 식빵의 두께는 0.8cm가 적당하며 혹시 식빵의 두께가 두꺼우면 밀대로 살짝 밀어서 눌러준다. 식빵의 테두리는 살짝 얼려서 자르면 깔끔하다.

2

새우는 깨끗하게 손질하여 물기를 제거한다. 새우 살이 살아있도록 80%만 다진다.

3

다진 새우에 반죽 재료를 넣고 찰기가 생기게 잘 치댄다. 반죽이 너무 질면 전분을 넣어서 농도를 맞춘다. 반죽을 냉장고에 잠시 넣어두면 흐물거리지 않고 모양을 잡기 쉽다.

4

식빵을 깔고 **3**의 새우 반죽을 완자 모양으로 올린다. 새우 반죽 위에 빵을 얹어 손으로 누른다. 손으로 눌러야 반죽과 빵이 접착되고 새우 살이 분리되지 않는다. 속재료가 나오지 않게 살짝만 누른다.

5

100~120도 정도의 온도에서 튀긴다. 빵이 황금색을 띄기 시작할 때쯤 기름의 온도를 올려서 3분간 더 튀기다가 건져서 키친타올에 올리고 사선으로 자른다.

6

소스 재료를 골고루 섞어 소스를 만들어 곁들인다.

스파게티 튀김

오독오독 씹히는 맛에 자꾸 손이 가는 간식

준비하기

스파게티면 한 줌
설탕 조금
소금 조금
식용유 넉넉히

조리시간 05분

TIP

· 스파게티면은 잘 타기 때문에 약불에서 타지 않도록 저어가면서 튀 긴다.
· 뜨거울 때 소금과 설탕을 뿌려야 스파게티면에 잘 붙는다.

1

스파게티면을 먹기 좋게 반으로 자른다.

2

프라이팬에 스파게티면이 잠길 정도의 식용유를 붓고 약불로 예열한 뒤 **1**의 스 파게티면을 넣는다.

3

노릇노릇하게 갈색 빛이 날 때까지 튀 긴다.

4

키친타올에 올려 기름을 빼고 뜨거울 때 설탕과 소금을 뿌린다.

티라미수

만원으로 저렴하게 즐기는 디저트

준비하기

카스테라 1개
크림치즈 200g
생크림 200g
설탕 1/2컵
믹스 커피 4봉(4g)
물 1/2컵(100ml)
코코아 가루 조금

1 크림치즈는 1시간 전에 미리 실온에 꺼내서 녹인 후 휘핑하여 크림화 한다.

2 생크림에 설탕 50g을 넣고 뿔이 생길 때까지 휘핑한다.

3 1의 크림치즈에 2의 생크림을 두 번에 나눠 넣으면서 섞는다.

4 뜨거운 물에 믹스 커피와 설탕 1큰술을 넣어 녹인다.

5 1cm 두께로 자른 카스테라를 용기에 담고 카스테라에 4의 커피물을 바른 후 3의 크림을 바른다. 이 과정을 두 번 반복한다.

6 냉장고에서 5시간 굳힌 뒤 코코아 가루를 뿌린다.

식빵 러스크

샌드위치를 만들고 남은 식빵 자투리 활용 요리

준비하기

식빵 4장
버터 3큰술
연유 2큰술
설탕 3큰술

조리시간 20분

TIP

· 오븐을 사용하면 180도 예열한 오븐에서 10분간 굽는다.

1

버터를 전자레인지에 녹이고 연유와
섞는다.

2

식빵에 **1**의 버터 소스를 골고루 바
른다.

3

식빵을 그릴 망에 올린 뒤 설탕을 골고
루 뿌린다.

4

170도의 에어프라이에서 5분간 굽고
뒤집어서 2분간 더 굽는다.

카프레제 샐러드

간단하지만 근사한 홈파티를 위한 예쁜 토마토 요리

준비하기

토마토 1개
바질 잎 10장
생 모짜렐라 치즈 100g

드레싱

발사믹 식초 2큰술
올리브유 1큰술
올리고당 2큰술
다진 양파 1큰술
소금 1꼬집
후추 조금

TIP

· 너무 익은 토마토는 물이 많기 때문에 적당히 익은 걸로 쓰는 것이
좋다.
· 생 모짜렐라 치즈는 대형마트에서 쉽게 구할 수 있는데 유통기한이
짧기 때문에 필요할 때 마다 조금씩 구입하는 것이 좋다.
· 모짜렐라 대신 리코타 치즈를 사용해도 된다.

1

토마토는 꼭지를 제거한 후 물로 깨끗
이 씻어 1cm 두께로 일정하게 썬다.

2

생 모짜렐라 치즈는 토마토와 같은 두
께로 썬다.

3

바질 잎은 물에 담가 깨끗하게 씻고 키
친타올로 물기를 제거한다.

4

분량의 드레싱 재료를 섞어 드레싱을
만든다.

5

토마토, 생 모짜렐라 치즈, 바질을 번갈
아 놓은 뒤 **4**의 드레싱을 뿌린다.

크로크무슈

베샤멜 소스가 들어가 풍미 가득

조리시간 20분

준비하기	베샤멜 소스
식빵 4장	밀가루 20g
슬라이스 햄 2장	버터 20g
슬라이스 치즈 2장	우유 1컵(200ml)
모짜렐라 치즈 한 줌	소금 조금
	후추 조금

T.I.P

· 베샤멜 소스는 양식 요리의 기본 소스로, 크림 파스타와 스프의 베이스가 되기도 하니 많이 만들어 뒀다가 여러 가지 요리에 응용한다. 맥넛 가루를 조금 넣어주면 풍미가 좋아진다.

· 취향에 따라 햄과 치즈는 두 장씩 올리는 등 입맛에 따라 조절한다. 치즈는 체더 치즈 대신에 에멘탈이나 크림치즈, 고다 치즈로 대체가 가능하다. 햄은 기름기가 적고 담백한 걸로 사용하면 좋다.

· 가정마다 오븐의 온도가 다르니 샌드위치의 상태를 보면서 굽는 시간을 조절한다.

1 달군 팬에 버터를 녹이고 밀가루를 넣어 약불에서 뭉치지 않게 골고루 섞어가면서 충분히 볶는다.

2 우유는 여러 번 나눠서 부어 젓기를 반복한다. 농도가 되직해지면 불을 끄고 후추와 소금을 넣는다.

3 빵 위에 **2**의 베샤멜 소스를 적당량을 바르고 햄과 치즈를 올린다.

4 다시 빵을 올리고 베샤멜 소스를 발라준다. 모짜렐라 치즈와 파슬리 가루를 뿌린다.

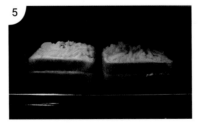

5 180도로 예열한 오븐에서 7분간 굽고 200도에서 2분간 굽는다.

샹그리아

남은 와인 활용으로 최고

준비하기

레드와인 3컵

오렌지 주스 1컵

탄산수 1컵

오렌지 1개

레몬 1개

사과 1/2개

TIP

· 과일은 껍질째 사용하기 때문에 베이킹소다를 푼 물에 담가 박박 씻고 다시 식초 물에 5분간 담근 후 흐르는 물에 깨끗하게 세척한다.

· 와인, 오렌지 주스, 탄산수를 3:1:1 비율로 섞었는데 단맛을 좋아하면 오렌지 주스를 더 넣고 톡 쏘는 맛을 좋아하면 탄산수를 더 넣어서 각자 취향에 맞게 조절한다.

오렌지, 레몬, 사과는 0.5cm 두께로 얇게 반달 썰기 한다.

유리병에 레드와인을 붓고 **1**의 과일을 넣는다.

오렌지 주스를 붓고 긴 막대기로 골고루 잘 섞어 준 뒤 냉장고에서 3~6시간 정도 숙성한다. 먹기 전에 탄산수를 넣는다.

국 찌개
찜 탕

굴국
시원 담백한 굴 요리

준비하기

굴 1봉지(250g)	청양고추 1개
멸치 육수 5컵	홍고추 1개
무 150g	다진 마늘 1/2큰술
두부 1/4모	국간장 1큰술
건 미역 반 줌(5g)	소금 1큰술
대파 1대	부추 조금
양파 1/4개	새우젓 조금

TIP

· 굴은 빛깔이 밝고 선명하며 우윳빛이 돌면서 통통하게 부풀어 오른 것이 좋다. 굴을 흐르는 물에 씻으면 비린내가 날 수 있고 굴속의 영양분과 맛이 다 빠져버리니 소금물에 씻어주는 게 좋다. 물 1L 기준 굵은 소금 1큰술을 넣어 소금물을 만들고 굴이 잠길 만큼 소금물을 부은 후 손으로 살랑살랑 흔들어 2~3회 씻어주면 이물질이 깨끗하게 떨어진다.

1

미역은 찬물에 불린다.

2

무는 나박 썰고 양파는 채 썰고 고추와 대파는 송송 썬다.

3

두부는 한 입에 쏙 들어가는 크기로 자르고 부추는 5cm 길이로 썬다.

4

굴을 깨끗하게 씻고 체에 밭쳐 물기를 제거한다.

5

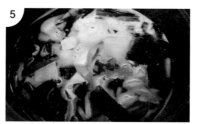

냄비에 멸치 육수를 붓고 무를 넣어 센 불에서 끓인다. 육수가 끓으면 중불로 줄이고 양파, 미역, 국간장을 넣는다.

🔥🔥🔥 ➡ 🔥🔥

* 멸치 육수는 21쪽 참고

6

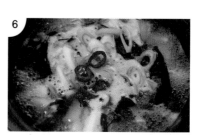

양파가 투명해지면 두부와 굴을 넣고 굴이 하얗게 변할 때까지 끓이다가 다진 마늘, 대파, 고추를 넣는다. 새우젓이나 소금으로 간한다. 부추를 올려 마무리한다.

닭도리탕

매콤 얼큰한 국물 맛이 끝내주는 닭도리탕

조리시간 40분

준비하기	양념
생닭 1마리	고춧가루 5큰술
감자 2개	간장 6큰술
양파 1개	고추장 3큰술
당근 1/2개	설탕 2큰술
대파 1대	맛술 2큰술
청양고추 1개	다진 마늘 2큰술
물 3컵	생강 1/3큰술
소금 조금	후추 조금

TIP

· 닭고기의 껍질이나 지방 부분을 떼어내면 잡내를 제거할 수 있다.
  살이 두꺼운 부분은 중간 중간 칼집을 넣어 간이 더 잘 배게 한다.

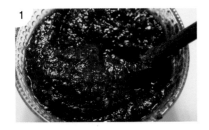

1

분량의 양념 재료를 섞어 양념을 만든다.

2

감자와 당근은 큼지막하게 썰어서 모서리 부분을 돌려 깎기 한다. 양파와 대파도 어슷 썬다.

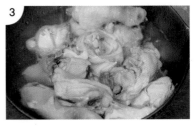

3

깨끗하게 씻은 닭을 끓는 물에 넣어 3분간 데친다. 데친 물은 버리고 닭고기를 흐르는 물에 여러 번 헹궈 이물질과 찌꺼기를 제거한다.

4

냄비에 닭고기를 넣고 물을 부어준 뒤 1의 양념장을 넣고 센 불에서 끓인다.

5

국물이 끓어오르면 중불로 줄이고 감자와 당근을 넣고 끓인다.

🔥🔥🔥 ➡ 🔥🔥🔥

6

감자가 반쯤 익었을 때 양파를 넣는다. 국물이 걸쭉해지기 시작하고 감자가 익으면 대파와 청양고추를 넣고 소금으로 간을 한다.

콩비지찌개

자박하게 끓여 진하고 고소한 국물 요리

준비하기

시판 콩비지 300g
(마른 비지 200g)

배추김치 1/8포기(200g)

돼지고기 앞다리살 150g

멸치 육수 1컵

김치 국물 4큰술

설탕 1/2큰술

고춧가루 1큰술

대파 1/2대

청양고추 1개

홍고추 1개

다진 마늘 1큰술

국간장 1큰술

들기름 1큰술

새우젓 조금

돼지고기 밑간

맛술 1큰술

소금 조금

후추 조금

TIP

· 콩비지를 먼저 익히고 육수를 부으면 콩의 비린 맛은 사라지고 고
소하다. 비지를 너무 휘저으면 삭을 수 있으니 타지 않게만 살살
젓는다.

· 마른 비지는 수분이 없어 쉽게 탈 수 있으니 육수를 조금 부어서
수분이 있는 상태에서 함께 볶는 것이 좋고 육수양도 더 늘린다.

1 돼지고기는 핏물을 제거하고 밑간한 후 20분간 재운다.

2 대파, 청양고추, 홍고추는 어슷 썬다.

3 뚝배기에 들기름을 두르고 다진 마늘을 넣어서 볶은 후 마늘향이 올라오면 돼지고기를 넣고 중불에서 2분간 볶는다.

4 잘게 썬 김치와 설탕을 넣고 5분간 달달 볶다가 김치 국물을 넣고 3분 더 볶는다. 이 때 신 김치에 설탕을 넣으면 감칠 맛을 살리고 김치의 신맛도 잡아준다.

5 중약불에서 비지를 약 5분간 볶고 육수를 부은 다음 약불로 줄여 3분간 끓인다. 비지를 넣고 너무 오래 끓이면 메주 냄새가 날 수 있으니 10분 정도만 끓인다.

6 파, 청양고추, 홍고추, 고춧가루를 넣고 새우젓과 국간장으로 간을 맞춘다.

🔥🔥🔥 ➡ 🔥🔥🔥

* 멸치 육수는 21쪽 참고

오징어 무국

감칠맛 나는 국물과 쫄깃한 식감이 좋은 국

준비하기

오징어 1마리(대)
무 200g
대파 1/2대
홍고추 1개
청양고추 1개
멸치 육수 6컵(1.2L)
고춧가루 2큰술
국간장 1큰술

다진 마늘 1큰술
맛술 1큰술
소금 조금

조리시간 20분

TIP

· 오징어는 너무 오래 삶으면 질겨지기 때문에 마지막 단계에 넣는다.

1 무는 나박 썰고, 파는 어슷 썰고, 고추
는 송송 썬다.

2 오징어는 먹기 좋은 크기로 썬다.

3 멸치 육수에 무를 넣고 센 불로 끓인다.

* 멸치 육수는 21쪽 참고

4 중불로 줄이고 국간장, 고춧가루, 다진
마늘, 맛술을 넣는다.

5 **2**의 오징어를 넣는다.

6 대파와 고추를 넣어 한소끔 끓이고 소
금으로 간을 한다.

폭탄 달걀찜

식당에서 나오는 비주얼 그대로 뚝배기 달걀찜 성공

준비하기

달걀 5개(대)   맛술 1큰술
물 1컵   소금 조금
쪽파 1대
참치액 1큰술
설탕 1/2큰술
새우젓 1/2큰술

TIP

· 달걀은 크게 대란, 특란, 왕란으로 나뉘는데 이 레시피에는 대란 5 알을 사용했다.
· 달걀은 차가운 상태에서 만드는 것보다 실온에 잠시 뒀다 만들면 더 잘 부푼다.
· 지름이 12cm인 뚝배기를 사용했는데, 달걀물은 뚝배기의 80% 정 도만 차도록 담는다.

쪽파는 송송 썬다.

새우젓은 잘게 다진다.

달걀에 물, 새우젓, 맛술, 참치액, 설탕 을 넣고 잘 푼다.

뚝배기에 달걀찜을 붓고 센 불에서 끓 인다. 끓기 시작하면 벽면과 바닥면을 긁어가며 골고루 젓는다.

몽글몽글하게 덩어리가 생기고 달걀이 70%정도 익어서 부풀기 시작하면 쪽 파를 올린다.

오목한 그릇이나 냄비 뚜껑을 덮고 최 대한 불을 줄여 1분 30초간 익힌다. 김 이 나고 옆으로 달걀물이 새어 나오면 불을 끄고 1분간 뜸을 들인다.

부대찌개

집에서 간단하고 푸짐하게 끓인다.

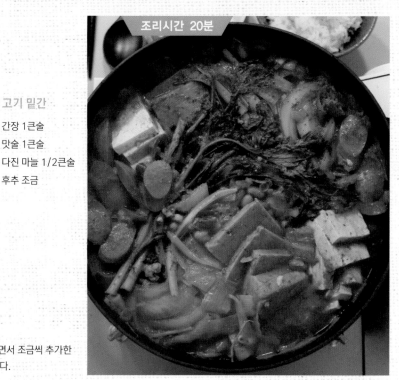

조리시간 20분

준비하기

통조림 햄 1/2개
소시지 3개
돼지고기 다진 것 150g
육수 3~4컵
두부 1/2모
김치 1컵
콩나물 한 줌
파 1대(흰 부분)
양파 1/2개
고추 1개

슬라이스 치즈 1장
베이크드 빈스 3큰술
쑥갓 적당히

양념장

고춧가루 3큰술
고추장 1큰술
국간장 2큰술
참치액 1큰술
설탕 1작은술

고기 밑간

간장 1큰술
맛술 1큰술
다진 마늘 1/2큰술
후추 조금

TIP

· 양념장은 한 번에 다 넣지 말고 끓일 때 간을 보면서 조금씩 추가한다. 남은 베이크드 빈스는 소분해서 얼려두면 좋다.

분량의 양념장 재료를 골고루 섞어서 양념장을 만든다. 양념장은 미리 만들어서 하루 정도 숙성시키면 맛있다.

돼지고기에 밑간 재료를 넣고 밑간한 뒤 30분간 재운다.

콩나물은 깨끗이 씻어 물기를 제거한다.

파는 흰 부분을 3등분 하여 길쭉하게 썰고 양파는 채 썰고 고추도 송송 썬다. 김치는 속을 털어낸 뒤 다진다. 김치를 많이 넣으면 김치 맛이 강해지니 딱 1컵만 넣는다.

통조림 햄, 소시지, 두부도 먹기 좋은 크기로 자른다. 통조림 햄은 끓는 물에 한 번 데쳐 불순물을 제거하면 맛이 한층 더 깔끔하다.

전골 냄비에 콩나물을 깔고 채소와 햄은 가장자리를 따라서 올린다. 가운데에 1의 양념장, 2의 돼지고기, 4의 김치, 베이크드 빈스, 슬라이스 치즈를 올린다. 육수(시판용 사골육수 7 : 생수 1)를 붓고 끓인다.

근대 된장국

건새우가 들어가서 시원하고 구수한 된장국

준비하기

근대 300g	고추장 1큰술
건 새우 50g	멸치 육수 7컵
두부 1/2모	소금 조금
다진 마늘 1큰술	
대파 1/2대	
청양고추 1개	
홍고추 1개	
된장 3큰술	

TIP

· 연한 근대는 데치지 않고 바로 끓여도 된다.

1

근대는 물에 깨끗이 씻고 줄기 끝부분을 잘라낸 뒤 섬유질을 제거한다.

2

끓는 물에 소금을 넣고 손질한 근대를 줄기 부분부터 넣어서 살짝 데친다. 찬물에 헹구고 물기를 뺀 뒤 먹기 좋은 크기로 썬다.

3

두부, 대파, 고추는 먹기 좋은 크기로 썬다.

4

달군 냄비에 건 새우를 넣고 중불에서 볶아서 비린 맛을 날려준 뒤 멸치 육수를 붓는다.

* 멸치 육수는 21쪽 참고

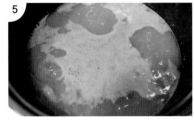

5

육수에 된장, 고추장을 체에 걸러 잘 풀고 한소끔 끓인다.

6

두부, 근대를 넣고 끓어오르면 파, 고추, 다진 마늘을 넣는다. 불을 끄고 소금으로 간을 맞춘다.

김치
및
저장 반찬

딸기청

제철 딸기로 만드는 홈메이드 리얼 딸기청

준비하기

딸기 300g	굵은 소금 1큰술
설탕 300g	베이킹소다나 식초 적당히

TIP

· 꼭지 부분에 이물질과 흙이 많기 때문에 잘라낸 뒤 물에 굵은 소금을 1큰술 넣고 딸기를 30초간 담갔다가 흐르는 물에 2~3번 정도 씻는다. 물에 오래 담가두면 비타민 C가 파괴되기 때문에 30초가 넘지 않게 재빨리 세척한다.

· 딸기와 설탕 비율을 1 : 1로 하면 너무 달기 때문에 1 : 0.8 비율도 적당하다.

· 유리 아래쪽과 위쪽에 설탕을 충분히 덮어주면 설탕이 녹는 동안 청이 발효되지 않는다.

· 우유 한 컵에 딸기청 3큰술을 넣으면 달달하고 상큼한 딸기 라테를 맛볼 수 있다.

1

딸기를 깨끗이 씻은 후 체에 받쳐 물기를 털고 키친타올에 올려 물기를 완전히 제거한다.

2

유리병은 열탕 소독한다.

3

딸기의 1/2는 으깨고 나머지는 깍뚝 썬다. 으깬 딸기와 깍뚝 썬 딸기를 섞는다.

4

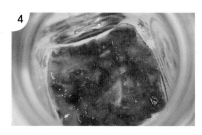

유리병에 설탕을 충분히 깔고 딸기와 설탕을 번갈아서 켜켜이 쌓는다.

5

남은 설탕으로 윗부분을 덮는다.

6

반나절 정도 실온에 뒀다가 설탕이 녹으면 냉장 보관한다.

자두청

여름 제철 과일 자두로 만들어 향긋하다.

조리시간 30분

준비하기

자두 300g
설탕 300g
식초 적당히

TIP

· 자두는 80% 이상이 수분으로 이루어져 있어 즙이 많기 때문에 자두와 설탕 비율을 1:1.2 정도 잡아주면 된다. 기온이 높은 여름에는 자두와 설탕의 비율을 1:1.5로 담으면 쉽게 변질되지 않는다. 너무 많이 담으면 가스가 차서 나중에 넘칠 수가 있으니 여분 공간을 남겨두고 자두와 설탕을 채운다.

· 냉장 보관을 하면 한 달 이내로 먹는 것이 좋고, 과육만 건져내서 청만 보관하면 세 달까지 먹을 수 있다.

1
유리병은 열탕 소독한다.

2
자두를 깨끗하게 씻은 뒤 물기를 제거한다.

3
자두는 씨를 제거하고 편 썬다. 살짝 무른 자두는 양쪽으로 칼집을 넣어서 과육 부분만 도려내고 과육이 단단한 자두는 반으로 갈라서 비틀어주면 씨를 쉽게 제거할 수 있다.

4
설탕과 자두는 같은 양으로 겹겹이 쌓아 올린다. 중간 중간 빈공간이 생기지 않게 나무 수저로 꾹꾹 누른다.

5
마지막은 설탕으로 소복하게 덮는다. 유리병 맨 아래쪽과 맨 위쪽은 설탕으로 덮어야 공기를 차단하게 되고 숙성 과정 중 곰팡이가 발생하지 않는다.

6
실온에서 이틀 동안 설탕을 녹이고, 설탕이 다 녹으면 냉장고에 넣어서 3일간 숙성 과정을 거친 뒤 먹는다.

설렁탕 깍두기

설렁탕에 넣어 먹는 시원하고 걸쭉한 국물의 깍두기

준비하기

무 1개(1.6kg)

무 절임

굵은소금 2큰술
뉴슈가 1작은술

양념

고춧가루 5큰술
멸치 액젓 3큰술
마늘 5개
양파 1/2개(100g)
생강 1/2작은술
새우젓 1큰술

찹쌀풀

물 1컵(150ml)
찹쌀가루 1큰술

TIP

· 맛이 없는 여름 무로 깍두기를 담글 때에는 두께를 얇게 썰어야 쓴 맛이 잘 빠진다.
· 오래 절이면 수분이 많이 빠져서 맛이 없다. 구부렸을 때 살짝 휘어 지는 정도가 딱 좋다.

1

무는 사방 1.5cm 두께, 5cm 길이로 큼지막하게 썰고 무 절임 재료를 넣어 1시간 절인다. 중간 중간 뒤집어주고 절여진 무는 체에 밭쳐 물기를 뺀다.

2

파는 어슷하게 썬다.

3

절인 무에 고춧가루를 넣고 10분간 둔다.

4

냄비에 찹쌀풀 재료를 넣고 약불에서 3 분간 저어가며 기포가 생길 때까지 끓이고 완전히 식힌다.

5

양파, 마늘, 생강, 새우젓, 액젓을 믹서에 곱게 간다.

6

4에 **3**의 찹쌀풀, **5**의 양념과 파를 넣고 골고루 섞는다. 상온에서 하루 익힌 후 냉장 보관한다.

파김치

초보자도 손쉽게 만든다.

조리시간 40분

준비하기

쪽파 1kg

김치 양념

고춧가루 1컵
매실액 3큰술
올리고당 3큰술
새우젓 2큰술
액젓 3/4컵(150ml)
양파 1/2개(150g)
배 1/2개(200g)

찹쌀풀

물 1과 1/2컵
찹쌀가루 2큰술

TIP

· 쪽파의 뾰족한 끝부분을 잘라주면 양념이 골고루 스며들고 익을 때 파가 부풀어 오르지 않는다.

· 찹쌀풀을 김치 양념에 넣으면 감칠맛과 부드러운 맛을 내고 젖산에 의해 미생물 번식을 막아주며 발효를 돕는 역할을 한다. 하지만 찹쌀풀을 많이 넣으면 김치가 금방 익는다.

· 파김치는 다른 김치처럼 소금으로 절이는 게 아니라 액젓으로 절인다. 파에 미리 액젓을 부으면 숨도 죽고 감칠맛이 나면서 간이 더 잘 밴다. 처음부터 잎을 같이 절이면 뭉개질 수 있으니 단단한 줄기부터 액젓을 흡수할 수 있게 만드는 것이 중요하다.(작은 쪽파는 15분, 굵은 쪽파는 30분)

· 완성된 양념을 찍어 먹어봤을 때 살짝 짭조름하고 단맛이 느껴지면 좋다. 파 자체가 양념으로 쓰이는 재료라 매콤해서 마늘과 생강을 넣으면 쓴맛이 날 수도 있다. 취향에 따라 조금씩 조절한다.

· 뿌리 부분에 양념을 충분히 묻히고 줄기 부분은 쓰다듬듯이 살짝만 바른다. 너무 뒤적거리면 풋내가 날 수 있다.

1 쪽파는 깨끗하게 다듬고 끝부분은 살짝 자른다. 물에 씻은 뒤 줄기 쪽이 바닥을 향하게 줄을 맞춰서 채반에 받쳐 물기를 제거한다.

2 냄비에 찹쌀풀 재료를 넣고 약불에서 3분간 저어가며 기포가 생길 때까지 끓이고 완전히 식힌다.

3 큰 볼에 쪽파를 비스듬히 세워서 줄기 부분에 액젓 1/2컵을 뿌리고 약 15~30분간 절인다. 5분에 한 번씩 뒤집고 뿌리 부분이 절여졌으면 전체를 액젓에 담가 5분간 더 절인다.

4 양파, 배, 새우젓에 남은 액젓 1/2컵을 함께 넣고 간다.

5 2의 찹쌀풀, 3의 절인 쪽파의 액젓, 4의 재료를 볼에 넣어서 섞는다. 고춧가루가 불 때까지 10분간 둔다.

6 3의 절인 쪽파에 5의 양념장을 골고루 바르고 반으로 접어서 김치 통에 층층이 쌓아가면서 담는다. 뿌리 부분에는 양념을 한 번 더 듬뿍 바른다. 실온에서 하루 정도 익힌 후 냉장 보관한다.

고추 장아찌

간장물을 끓이지 않고 간단하게 만든다.

준비하기
청양고추 150g

절임물
소주 1컵
간장 1컵
식초 1컵
설탕 1컵

조리시간 10분

TIP

· 유리병에 물기가 남아 있으면 숙성 과정에서 곰팡이가 생기거나 상할 수도 있으니 꼼꼼히 제거한다.
· 고추 아랫 부분에 구멍을 내어야 나중에 한 입 베어 물었을 때 간장물이 튀지 않는다.
· 숙성 과정 중에 고추가 뜨지 않게 돌로 눌러 놓는다.

1
유리병은 열탕 소독한다.

2
고추는 식초 물에 30분 정도 담갔다가 흐르는 물에 깨끗하게 씻는다. 체에 밭쳐 물기 제거한다.

3
고추 꼭지를 1cm 정도 남기고 자른 후 간장물이 잘 배도록 포크로 구멍을 낸다.

4
고추를 병에 차곡차곡 담고 장아찌 물을 붓는다. 설탕, 간장, 식초, 소주 비율을 1 : 1 : 1 : 1로 만들고 입맛에 따라 식초와 설탕은 조절한다.

5
하루 실온에서 보관한 뒤 냉장고에서 일주일에서 열흘 정도 숙성시킨다.

소고기 약고추장

열반찬 부럽지 않은 소고기 고추장 볶음

준비하기

소고기 다진 것 200g
고추장 1컵(250g)
대파 1/2대
설탕 2큰술
양파 1/4개
매실청 1큰술
후추 조금
식용유 조금
깨소금 조금
참기름 조금

소고기 밑간

간장 1큰술
다진 마늘 2큰술
맛술 2큰술

TIP

· 식으면 더 되직해지기 때문에 원하는 농도보다 묽을 때 불을 끈다.

1

소고기는 키친타올로 핏물을 제거한 후 밑간 재료를 넣어 30분간 재운다.

2

대파, 양파는 잘게 다진다.

3

달군 팬에 기름을 살짝 두르고 중불에서 대파와 양파를 볶는다.

4

1의 밑간한 소고기를 넣고 센 불로 올려 핏기가 없어질 때까지 볶는다.

🔥🔥🔥 ➡ 🔥🔥🔥

5

중약불로 불을 줄이고 고추장, 설탕, 후추를 넣고 조린다.

🔥🔥🔥 ➡ 🔥🔥🔥

6

농도가 되직해지면 깨소금, 참기름을 넣고 마무리한다.

라구소스

고기가 듬뿍 들어가서 고소한 미트 소스

조리시간 60분 이상

준비하기

소고기 다진 것 400g	토마토 페이스트 4큰술	월계수 잎 2장
돼지고기 다진 것 300g	토마토 홀 800g	올리브유 3큰술
양파 150g	치킨스톡 1컵	소금 조금
당근 100g	레드와인 1컵	후추 조금
셀러리 100g	이탈리안 시즈닝 1큰술	파마산 치즈 1/2컵
마늘 2큰술	우유 1/2컵	

TIP

· 고기를 최대한 바짝 볶아야 누린내가 안 나며, 육향을 최대한 끌어 올려 고소하게 만든다. 육즙이 없어지고 바닥에 눌러 붙을 정도로 볶는다.

· 고기 육수는 비프 스톡을 사용하거나 고기 육수가 없으면 생수를 넣어도 상관없다.

· 중간 중간 눌러 붙지 않도록 육수를 조금씩 추가하면서 끓인다. 이 레시피에서는 총 2시간 30분 정도 끓였다.

1
소고기와 돼지고기는 키친타올로 두드려 핏물을 제거한다. 돼지고기를 함께 넣으면 감칠맛이 나고 훨씬 맛있다.

2
양파, 당근, 셀러리는 잘게 다진다. 셀러리는 겉 표면의 섬유질이 질기기 때문에 벗겨내고 다진다.

3
팬에 올리브유를 두르고 다진 마늘과 양파를 넣고 중불에서 볶다가 수분이 날라 가면 셀러리, 당근을 넣어서 함께 볶는다. 두꺼운 팬을 사용하면 좋다.

4
센 불로 올리고 **1**을 넣고 소금, 후추를 뿌려 간을 한다. 나무주걱으로 잘게 부수면서 10분간 볶다가 레드와인을 넣고 알코올이 완전히 사라질 때까지 볶는다. 🔥🔥🔥 ➡ 🔥🔥🔥

5
볶은 고기를 팬의 가장자리로 밀고 가운데에 토마토 페이스트를 넣고 1분간 볶는다. 토마토 홀과 치킨스톡 1컵을 붓는다. 토마토를 으깨면서 끓이다가 월계수 잎과 이탈리안 시즈닝을 넣고 섞는다.

6
뚜껑을 덮은 뒤 약불에서 2시간~3시간 정도 끓인다. 월계수 잎은 건져내고 우유를 넣어 약 5분간 끓인다. 소금과 후추로 간을 해주고 치즈를 갈아 넣는다.

바질 페스토

집에서 이탈리아 요리를 하기 위해 꼭 필요한 준비

준비하기

바질 30g 올리브유 넉넉히
잣 20g 소금 조금
파마산 치즈 20g
마늘 1개

TIP

· 잣은 볶으면 고소한 맛이 한층 올라가기 때문에 마른 팬에 볶아서 사용하면 좋다. 잣이 없으면 호두나 다른 견과류를 넣어도 된다.

· 바질, 치즈, 잣, 올리브유 비율은 1 : 1 : 1 : 2 비율이 좋은데 취향껏 입맛에 맞게 가감해서 만든다.

· 올리브유를 넉넉하게 채워주면 윗부분이 코팅 되어 빨리 상하는 걸 막는다. 바질 페스토는 냉장 보관으로 일주일까지 먹을 수 있고 오래 두고 먹을 거면 소분해서 냉동 보관한다.

1

바질은 줄기를 제거하고 물에 씻은 뒤 물기를 완전히 제거한다.

2

잣을 마른 팬에 살짝 볶아서 한 김 식힌다.

3

믹서에 바질, 파마산 치즈, 마늘, 올리브유 50g, 소금을 넣고 간다.

4

소독한 용기에 담고 여분의 올리브유를 넉넉하게 채운다.

○ 집밥천재 디니 ○

최고의 집밥
RECIPE
─ 레 시 피 ─
201

펴낸날   초판 1쇄 2019년 7월 25일
        4쇄 2020년 12월 18일

지은이   조미진

펴낸이   강진수
편집팀   김은숙, 김도연
디자인   임수현

인 쇄   삼립인쇄㈜

펴낸곳   (주)북스고   **출판등록**   제2017-000136호 2017년 11월 23일
주 소   서울시 중구 서소문로 116 유원빌딩 1511호
전 화   (02) 6403-0042   **팩 스**   (02) 6499-1053

ⓒ 조미진, 2019

ISBN   979-11-89612-31-3   13590

이 도서의 국립중앙도서관 출판예정도서목록(CIP)은 서지정보유통지원시스템 홈페이지(http://seoji.nl.go.kr)와
국가자료종합목록시스템(http://kolis-net.nl.go.kr)에서 이용하실 수 있습니다. (CIP제어번호 : CIP2019027983)

책 출간을 원하시는 분은 이메일 booksgo@naver.com로 간단한 개요와 취지, 연락처 등을 보내주세요.
Booksgo는 건강하고 행복한 삶을 위한 가치 있는 콘텐츠를 만듭니다.

바다가 허락한
깨끗한 소금, 한주소금

한주소금

www.hanjusalt.co.kr